自力時代！

公關教主于長君
教你如何創造自我價值，
打造亮眼的個人品牌！

目錄

作者序

二十七歲，我在台北及上海兩地創立了 STARFiSH 星予國際創意，以過往我在 L'Oreal Taiwan 台灣萊雅擔任 Lancôme 公關經理、NINE WEST 擔任行銷公關主任、BENETTON 班尼頓有限公司行銷企劃、GUESS / REPLAY 企劃等經歷所累積出的公關行銷專業，服務美妝、時尚、精品、銀行、汽車、酒商、遊艇等頂級客戶群的各類型活動，豐富多元又有趣的經歷，吸引了出版社的興趣。

於是，在二〇〇九年，我出版了自己的第一本書《超強 Social 力：職場公關黃金法則》，分享自己的一些職場經驗、工作應對進退技巧、處事態度，透過一些真實發生的小故事，傳達給想踏入公關產業的年輕人、想做好個人公關的職場人，甚至是想讓職場之路更順遂的人。

出了書之後，意外引起不少的迴響，不但承蒙媒體的青睞，受封為「公關教主」，還讓我多了不少機會進入校園分享，並在台北學學文創擔任特約講師，分享職場 Social 力。也因為書同時在中國大陸販售，因此有回在上海參加一家國際酒店的開幕活動，竟被書迷粉絲一眼認出，並興奮地、滔滔不絕地告訴我，我的書對他帶來的影響……這真的是身為作者最開心的時刻！

這些年來，也因為接收到了種種回饋及支持，再出書的念頭始終在我腦海構思，然而隨著 STARFiSH 星予的成長，實在分身乏術，出書這件事只好暫時被擱置。

STARFiSH 星予成立迄今，今年是第十六年，這十六年來，每一個日子，我都深深覺得自己實在太幸運了，不僅能擁有一份自己喜歡的工作，這份工作還能成為我的終生「事業」，甚至從台灣出發，跨足國際。所以，在這個時間點，在相距第一本書出版十年後，我再從頭檢視我的工作、創業及生活歷程，當然，除了實際年紀上的「增長」，對於工作、生活，有了更多的體驗及感受想與大家分享。

特別是最近，我觀察到一個社會現象，也就是自媒體時代來臨，素人都能成為明星，網紅族群的爆發和出現，讓人可以憑著外表、才藝或熱門話題，透過網路傳播而爆紅。其實，這一類的「素人爆紅」並不僅只是幾起特例，我認為這是一個時代的現象，就如同知名的 POP 藝術家安迪沃荷（Andy Warhol）說過的：「在未來，每個人都能成名15分鐘。」而他說的未來，其實就是我們的現在。

在現今「長江後浪推前浪、一直有人被遺忘」的時代，可能爆紅就像曇花一現、稍縱即逝，也可能成功延續新聞熱度持續發光發熱。成功彷若雙面刃，非得謹慎不可，而我身為專業公關，看著不少年輕人都往這方面創業，殊不知，在媒體報導出的成功故事裡頭，可能高達九成，最後都是失敗的。

因此，這本書我想分享的，其實很簡單：每個人的成功方程式也許不盡相同，但相同的，永遠是你的態度！也就是得倚靠誠懇的待人處世法則，重視任何一個職場的 Social 機會、把握好跟每一位老闆、客戶或廠商的接觸和相處，積極地累積自己的經歷，就算犯錯，也要懂得在種種的經驗中，修正自己。

同時，我也想大聲跟女性讀者們分享，在這一個女力崛起的年代，女性不應該低估自己的實力，應該勇於爭取機會做一位創業家、領導者，無需為了結婚生子而犧牲自己所喜歡的工作，即便是一個全職的家庭主婦，都可以發揮過往在職場上的專業及巧思，甚至把太太、媽媽當成一個職業，好好經營，將生活各個層面都過得精彩萬分！

換句話說，人生若想要有一個很亮眼的成績單，就要在工作上開心、生活上也開心，成功絕對是可以經營的。

一切回到初衷——你，想要過什麼樣的生活？

這本書的完成，同樣要感謝許多好友的支持與協助，也特別感謝編輯婉玲和 Amy，但我更希望透過我的文字，能夠與大家「結善緣」，為大家帶來最好、最滿的正能量，跟我一樣，積極成為工作與生活的「公關教主」，精彩由自己定義！

推薦序

具體實踐心中所想，長君做到了

——美國世界日報洛杉磯社副社長／于趾琴

每個人都有自己的人生哲學，或勵志律己，或隨緣崇法，或愛家愛國，人各有志，自然也是因人而異。然而，「知易行難」，我們總是知道很多道理，卻常受限於主客觀因素而無法化為具體的行動，因而人生哲學非僅宏旨，實踐最為關要，長君正是這樣的人。

長君是我三哥的大女兒，一如她在書中自述：「身為長姐，從小我就是那一種很愛照顧別人的人，甚至還帶點雞婆的個性……」就是這種與生俱來的特質，讓她成為自己口中那個「愛挑戰、喜歡解決問題的人」。看著她從小長大，儘管家境連小康都稱不上，但她始終帶著微笑，樂觀面對種種逆境，照顧父母、愛護弟妹，而且貼心有禮，更經常是家族聚會的召集人及開心果。這樣的成長背景，造就了長君創業最需要的基因——樂觀精神。在網路上有段以阿里巴巴創辦人馬雲為名的創業金句：「創業路上，樂觀精神是創業者必備的，不樂觀根本支持不了三天……要相信自己明天會比今天好。」這樣的精神讓長君得以釋放出強大的正能量，進而感染到她周遭的人事物，形成正向循環，讓 STARFiSH 一步一步成長茁壯，逐步向她的目標邁進。

如今，長君把她的創業心得集結成書，用一個又一個精彩動人的故事，呈現她一步一腳印的過程，讓我這個比她大十多歲的姑姑都看得很過癮。在這本書裡，長君不藏私地寫出她在外商公司磨練出來的種種專業能力，也分享她與名人如國際時尚設計師江奕勳（Angus Chiang）、法國鬼才設計師 Philippe Starck、女星創業家賈永婕等，透過多元化活動廣結善緣、積累人脈的實用經驗；更令人欽佩的是，在工作繁雜、多需親力親為的創業過程中，長君不只經由苦學而能說得一口流利的英文，還能練跳有氧舞蹈、打拳擊、跑馬拉松、騎馬，更經常出國辦活動，可說文武雙全。在書中，她用身體力行告訴我們，時間管理很重要，而且做得到。

這既是一本說成長故事、談創業歷程的書，更是一本思人生未來的書，無論是想更多地認識長君、學習她的專業技能、效法她的創業精神，甚或追隨她的生活態度，都能從書裡找到答案；然而，不同的人有不同的人生，自然也會有不同的體會，無論何者，期望大家都能活出精彩的人生。

✧ 最強公關，即做好自己

——知名音樂人／方文山

與長君熟識，源於二〇一一年董陽孜老師的「妙法自然」書法展，當時透過朋友，找到長君來協助公關事務，在嘉賓接待和活動細節上處理得遊刃有餘，我有感於長君的勤懇態度，欣賞起她的公關能力和領導執行力，故得知《自力時代》此書出版，實為欣慰，她將自己歷年積累的經驗之道都記錄下來，亦能解決許多人心中的公關難題。

在這個時代，如果一個人名字能成為一個品牌，那麼此人必然有著備受社會認可的能力。長君對工作極其認真，堪稱「狂人」，在朋友間的信用也深得肯定，任何事務只要她參與，總能處理得非常完美。經過十年的努力，長君無疑做到了在公關行業的佼佼者，在創造自己獨一無二的價值同時，也由著一股勇氣向著「做好一件事」去努力。從職場菜鳥成長為企業中的參天大樹，她的個人特質亦愈來愈鮮明，有自己的態度和追求，也讓朋友們看到：她其實不僅在做好一項公關事業，更是在構建一個更好的自己。

為何說最強公關，即做好自己？成為更好的自己有多難？要知道，每一個人的人生只有一條軌道，在這條軌道上每天都會有溝通和協作，我們通常會在溝通上處理與他人合作的問題，但因為工作繁忙，或者生活操累，便鮮少會與自己對話，也就很小概率，能發現和鍛煉那個潛藏的自己。雖然長君立足於公關專業，但這本功能書卻適合很多人，包括已踏入職場的新人、正在人生瓶頸的主管，以及忙碌於工作和生活之間的家庭主婦，因為每個人都需要「公關」，即行銷自己，找到適合自己的個性標籤，有助於培養獨特的自己，讓別人對你刮目相看。

如果你還在自我懷疑，那麼不妨打開這本《自力時代》，長君用她的真實經歷去續寫了自己的人生，也能幫助你找到自己的方向。我曾寫過一段話：「如果，你不想再虛擲青春，想擁有戲劇般豐富的人生，何妨把自己當主角，將周遭的人事物當配角與故事背景，換個角度與心情，將攝影鏡頭對準自己，自行編劇與導演自己所能掌控的生活，好好地演一出屬於你自己現實人生的偶像劇。」每一個人都需要堅定自己成長的方向，每一個人也能在這個過程中實現自我價值，希望你也可以。

始終用正面的態度面對挑戰，成就了現在的教主

——赫斯特媒體股份有限公司董事總經理／王士平

認識長君多年，她的公關專業不在話下，但在她身上，我還能感受到她有著與典型公關人不同的特點，除了多了一點熱情、善於溝通以外，她更願意讓利。她接 case 像是在交朋友，總是站在讓「對方有利」的立場想事情，這個利，是利他，願意用更多的資源協助完成，就算是無償，她也做得很開心。在事事講求功利主義的年代，這真是難能可貴的特質。

本書不是鼓勵年輕人一股腦投入公關領域，畢竟這個領域的甘苦談，坊間的書籍，或相關領域的朋友都可以說出一籮筐的苦水。而長君將她過去數十年的職場啟蒙與學習經驗、到她勇敢逐夢、創業的過程心境，用樸實深刻的文字，真誠的分享給讀者。這一路走來，我相信酸甜苦辣都有，但憑著她樂觀積極、不放棄的態度，廣結善緣，努力付出，成就了今天的「教主」。

每個人都有機會成為別人生命中的祝福與貴人，真正要學習的是如何轉換負面情緒，用正面的態度，境隨心轉，每個挑戰都將變成祝福！

羅馬書 8:28「萬事都互相效力，叫愛神的人得益處」祝福妳！

✧ 成功絕非偶然，勤勉積極造就美麗果實

——台灣模特兒教育發展協會理事長、國立體育大學體育研究所博士、台北市立大學運動藝術學系系主任／王家玄

認識長君多年，是一位美麗兼具智慧的好友，猶如專業運動員般的性情，內心堅強、有毅力、不放棄，且凡事認真、積極、重視細節、盡全力做好、做滿之個性。就誠如她在書中提到「獅子座」活力滿滿衝衝衝之特質，造就她在產業中除了具備好人緣特質外，在專業工作表現上更是獲得許多產業高度評價。這次很榮幸擔任新書推薦，觀後深深被她的真誠且用心記錄多年經驗內容所感動。

在本書內容中透過自我剖析的方式，瞭解個性、學習態度與投入職場的專業養成；同時藉由許多深入淺出之實際案例連結與分享，述說創業思維、面對各種不同客戶問題處理機制及隨時透過運動，內觀自己心態之重要等主題進行呈現。更在每一章節最後，運用小叮嚀之呈現手法，讓所有讀者更加深其內容解讀之意涵所在。

成功絕非偶然，在面對每一個工作過程中多元積累，將造就一切美麗的果實。一本賦予實用且具生命力的職場專用書，相信將可作為未來投入相關產業新鮮人或創業者之廣泛運用，預祝新書大賣。

✧ 成功的方式各有不同，但態度是核心的關鍵！

——世大運桌球金牌選手／江宏傑&日本桌球天后／福原愛

「你，想要過什麼樣的生活？」第一次從長君姐的書中看到這句話，突然間領悟了些什麼。不管是我或是小愛，我們都是從小在球場長大，如今也邁入了三十歲，再也不是小孩的我們，如何追求自己夢想的生活呢？這樣說起來，長君姐的人生哲學，一直都在我們身邊提供我們思考的契機。外界封長君姐為「公關教主」，而她之於我們來說是一位人生導師。從幫我們企劃婚禮的過程中，看見了她的細心、品嚐了她的貼心，也領略了她所謂的「態度」。

「每個人的成功方程式不同，但態度是關鍵」這句話絕對沒錯；身為運動員的我們揮下每一拍，其實那一秒所代表的意義都不只是一拍而已，而是反應了日日夜夜訓練的態度、透露出了自己與桌球互相尊重的深刻與否。這本書提到的工作哲學，不僅能用在職場上，也能通用在球場上、甚至是每一段美學生活中。對於人生我們想追求什麼、勢必要付出同等努力，進而注入「永遠不停在原地」的信念。當回首時，過往青澀的自己已在遠遠的後方。

《自力時代》寫的不只是長君姐累積的人生，也是給每一位偶爾迷惘、時而迷失方向的你我的指南針。讓我們一起相信自己、勇敢追夢。

廣結善緣、認真耕耘、始終如一的于長君

——永遠的甜美媽咪／吳佩慈

長君隔了多年後又要出新書了，書裡說到「結好的善緣，認真累積。」這句話真的讓我有很深的感觸，因為我和她的友誼正是因為她的熱情和廣結善緣認識的。我和長君相識於她還在化妝品集團任職的時候，我不是可以和工作關係認識的人變成朋友的人，唯獨長君走入了我的友誼圈圈內，如今好到可以一起去家族旅行，來香港也能直接住在我家裡，因為她真的就是一個滿身熱誠和正面能量的人，誰都會受到她的吸引成為她的朋友。

與人為善、認真耕耘，是長君的優點，也造就她事業上的成功，另外她還是非常夠義氣的朋友。之前塞班島舉辦電影節，我發現流程上有點問題，緊急請她來協助。她立刻調開行程，領着團隊就來了。最後活動圓滿結束，她甚至不要任何酬勞，有朋友如此夫復何求！（我當然不可能讓她的團隊做白工，最後還是強迫她收下費用。）長君就是一個這麼真心的朋友，即使她分享了許多成功之道，我始終認為她最成功的地方，就是她真的很用心待人。

我的好朋友，祝福妳的新書能讓很多人都看見，將妳的工作經驗、對事情的看法、對生活的正能量、對每一個人的熱誠分享出去。愛妳，我的朋友。

各界人士推薦

長君擁有一顆強大的心，她勇於接受挑戰，對新事物充滿好奇，沒有任何事難得倒她。她對於生活的熱情，工作的專注執著，身邊夥伴朋友的照顧，以及自我內心的呵護，再忙也要堅持對美的追求，永遠滿滿的正能量，她的一天肯定超過24小時，活得比任何人都精彩漂亮。上一秒才換上性感比基尼，下一秒是個活力熱舞辣妹，她的角色頭銜多變，絕對不只時尚公關教主。我很難跟得上她腳步，因為她永遠在前往，下一場會議、活動、演講，飛往另一個城市、國家，探索新的可能，新的品牌，新的態度！

——實踐大學媒傳系所助理教授／曲家瑞

玩人生、玩機會、玩挑戰！

辦任何一場活動都是辛苦的也是人際關係好壞的驗收，更重要的是能把這麼多年累積的經驗分享給大家，絕對是一種無私。

認識長君這麼多年，發現她有一種非常好的特質連我都很難做到，就是時時刻刻充滿活力及熱情！每天看她東奔西跑辦活動，都沒聽過她喊累，真的很佩服，她的好玩、她的正能量一直影響著周遭的朋友們。

活出精彩人生，長君做到了！

——知名國際攝影師、導演／林炳存

我來到台灣一直想要開一家酒店，因為這裡的人們非常熱愛生活，了解設計，也因此我邀請了國際設計大師史塔克來做一間設計酒店，而我們給這家酒店的定位就是愛和喜悅。當初我從北京來到台灣投資，並沒有什麼朋友，感謝長君對我們酒店的支持，我們一起辦了一場很棒的開幕派對，而每一次的活動，她都帶來許多熱愛生活的朋友們。希望她的新書能大賣，分享長君這些年的為人處事，以及幫助別人錦上添花的經營之道。

——S Hotel 董事長／汪小菲

第一次見到長君時，她才剛出社會不久，雖然她當時只是一個外商服飾公司的小企劃，但我對長君過於常人的正向能量印象非常深刻。這麼多年下來，她的能量持續爆表，不過我也發現，在她大大的笑容背後，有著太多別人不知的努力與堅持的汗水。即便是面對任職的外商母公司解體、或是客戶的不可能任務等等的困境，她永遠可以用她的方式將這些挫折轉化成正能量的累積。我認為就是因為她的正能量，以及從沒有把職業只當成是一份工作，才是把長君把公關打造成事業的成功關鍵。

——台灣松下電器、行競科技、愛比科技董事長／洪裕鈞

如同長君的封號「公關教主」，認識她，是因為她的廣結善緣，要成為一個成功的公關人，不能獨善其身，而她就是一個樂於和人分享並且充滿熱忱的人，二〇一二年受邀參加她的活動，之後陸續在幾場活動見到她在公關領域上的執行能力，讓我驚訝她年紀輕輕就累積了一身好功力，也因此二〇一五年我們公司——美傑仕集團旗下「RF荷那法蕊」的年度活動便找了她合作。

除了工作上的熱忱和專業表現讓我們陸續有交集之外，也因為我本身熱衷運動，在她身上我也看見了運動家那種勇往直前、全力以赴的精神，如同我的個性，對喜好的事情勇於嘗

試，並且努力做到最好，這讓我們在工作之餘有了更多的交集，經常分享彼此在運動或舞蹈喜好上的經驗，更能惺惺相惜。

我很欣賞愛運動的女性，因為她們有著不同於一般人的爆發力，我想這也是長君在公關專業上的表現能夠如此傑出，除了相關領域的專業知識，她也比別人多了一份活力和堅持，而讓她在所執行的案子上總能創造出不一樣的火花。看著她對工作和生活上每一件事的認真對待，有時候我也驚呼她哪裡來的精力，可以完成那麼多事情，我想這也是一個成功的公關人不可或缺的條件，觀察細微，善用各種資源，萬事互相效力，才造就了她完美的公關王國！

我在她身上看到了職場女性不一樣的女子力，相信不認識長君的讀者也能從書中她的故事獲得很大的靈感和啟發！

——美傑仕集團副董事長／陳美彤

認識長君已經許多年了，也有幾次共事的經驗，透過一起工作時，讓我也有機會能近距離觀察她。她充滿正面能量的工作態度，與超高情商的服務熱忱，讓從此我對公關這行業有著不一樣的看法。

以前我對公關的看法，就是無事時獻殷勤，但都不是真誠地想跟你互動，最重要是培養好關係，等到有事需要你時才叫得動，讓我感覺很假。從長君身上，我感受到她是很真誠地跟你互動與關心，而且她做很多事是真心喜愛這件事。我常跟她開玩笑，被妳公關的人都不知道妳在跟他搞公關。我想這是公關人的最高境界，化有形的公關於無形，讓每個被公關的人都很開心的接受想被傳達的事。

很開心長君寫了這本書，讀者能從書裡頭了解她真實的想法與經驗，最重要是能學習如何與人舒服地相處，這是本所有想從事公關或想學習如何與人好好相處的人所必讀的書。

——蘇格蘭麥芽威士忌協會台灣分會會長、Whisky Magazine 威士忌雜誌國際中文版發行人／黃培峻

九年前經過朋友的介紹，有幸邀請當時剛出版新書《超強 Social 力：職場公關黃金法則》的長君June來學學文創開課，這一教就是九年；長君每一次來學學開課，都是活力滿滿，沒有藏私地把她豐富的公關與行銷經驗分享給學員，與有榮焉的是，近年來在國際時尚大放異彩的 Angus Chiang 江奕勳，曾經是長君在學學開課的報名學員，學學的課程成為促成兩人結識與合作的起點。

這幾年從臉書、IG等不同的社群軟體到大眾媒體上看到的June，跟她私下給人的印象與感覺一樣——熱情、散發正能量！探究其原因，除了June本身的個性本質如此外，更重要的是來自於過往實戰工作的經驗累積，以及對於生活與工作的用心經營與堅持，才能成就她從內到外的自信能量，看完June的這本新書不僅是深入淺出分享與教戰她的公關工作經驗，更是提供大家如何在生活中維持動力、對人生永保信心的方法，如同她書的結語：活出你的精彩人生！恭喜June！

——學學國際文化創意事業執行長／鄭章鉅

在這個時代，成功的事情，幾乎不可能是一個人完成的。

除了專業能力，在職場及人生的道路上，我們無時無刻都需要與人合作。專業分工，跨界增值幾乎是這個時代的趨勢。因此與人溝通相處成為了當代有志青年必備的一項技能，但偏偏學校並沒有太多這方面的資訊。原因很簡單，這些技能大多數都得花上許多年的時間，在職場中跌倒碰壁，高人指點，再配上機緣巧合，高超悟性才有可能掌握，而長君多年來正是在這樣的環境下一步一步成為了今天的公關教主。今天，她要把她多年來經由跌倒碰壁，高人指點，配合她的機緣巧合與高超悟性所學會的一切，經由文字，傳授給剛剛踏入社會的你，讓你把握人生中每一個重大機會，贏得上司，同事，客戶的心。

既使你並沒有立志做一位專業的公關從業人員，但公關能力仍然是任何一個行業的根本技能。做任何事業，成敗關鍵都在於溝通與合作。對內的合作，對外的合作，甚至與自己合作。這就是公關的精神。而這就是一本公關精神的教科書。

——國際魔術大師／劉謙

我的興趣在創作，喜歡從開發中尋求快樂，較不崇尚連鎖效益，也較不受商業理論曲線的牽絆，自然我的經營模式就不同於常態的公司規格，在這個前提之下，能跟我搭配上節奏的外部公關公司當然相對困難。

說到公關公司，以一個行業來討論它，應有的形式和架構照理能完整的規範，但實際上很難，因為公關既是廣告行銷的綜合體，也是一種行為創意和脈絡延伸，個人特質與魅力占比很大。必須綜合以上元素，才能夠讓不同產業的發展得到推廣，換言之，于長君本身就是一位生活的創意家。

我們之所以維繫十幾年的情誼，最重要的是著眼於她的一項特質——極度穩定的情緒管理，在我的記憶中，面對各種行業別和各式各樣性格的業主們，她態度總是始終如一的平穩，但是這樣的特質需要堅定的自我價值觀和尊敬他人的嚴格自律訓練，才能成型。

高EQ說的簡單，但要落實則需要相當努力，這也就是能夠凸顯業主和尊重客戶存在的最基本公關思維的能力。而私下，長君對我而言，就是能夠隨時撥個電話，而不需問「妳方便講話嗎？」的對象，因為樂觀的窗毫不猶疑地隨時敞開著，這就是于長君。

——夜店教父、知名室內設計師／蘇誠修

Chapter 1

感謝那些年，我在外商學到的六堂課！

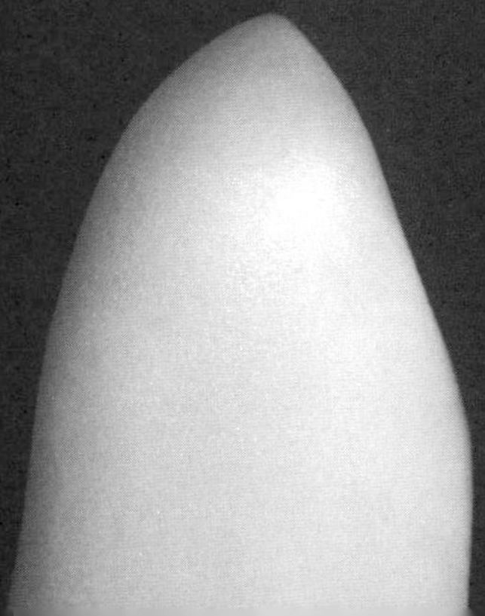

1 小菜鳥許願成真，職場生涯開始

工作最難的不是工作本身，而是「人」！若能以正面思考的態度向老闆及同事學習與協助，自然就有機會廣結好人緣！

在創業之前，攤開我的工作經歷，會發現洋洋灑灑的都是外商，曾有不少人好奇問我是怎麼做到的？或者是，怎麼都選擇外商呢？我的回答總是：「人脈」。

我在職場的第一份正式工作是在GUESS/REPLAY當企劃。這份工作其實是我求學時期的學姐所介紹的。那時候是台灣時尚圈剛起步的時期，有個集團代理GUESS及REPLAY這兩個國際品牌，並在熱鬧的忠孝東路開設了第一家門市。當時台北東區聚集的都是年輕人最夯、最IN的時尚品牌專賣店與餐廳，由於我是學廣告設計出身，對櫥窗陳列特別有興趣，直到現在對於當時GUESS及REPLAY的櫥窗還記憶猶新，真的很酷！

看完櫥窗，進去翻翻衣服，一看到標籤上的價格，令人咋舌，「哇！都是天價！」對照我當時打工賺取的薪水，這裡隨便一條牛仔褲、一件T恤就要好幾千元、甚至上萬元，心中便一直想著：「既然買不下手，如果能來這家公司上班，那該有多好！」

沒想到，這個願望竟然成真！當時這個集團不光是代理服飾，還有跨足餐飲，採複合式多角經營，而我很幸運，學姐剛好在那個大集團裡工作，有一回遇到她，她問我：「長君，GUESS/REPLAY剛好有一個企劃的空缺，雖然薪水不高，不過可以學到很多東西，妳要不要試試？」聽到夢寐以求的機會來了，我不假思索地回答：「當然好！」那時候，能夠拿到這張入場券，實在是太難得了，我根本不計較薪水，甚至想，只要有錢賺就好，不足的部份，我再另外找時間去打工。當時的想法真的很單純，能得到一份既能付我薪水，又能讓我學到東西的工作，對我而言，世界上最棒的工作莫過於此了！於是在學姐的引薦下，我去面試，很幸運地就被錄取了。

✧ 無畏辛苦，做什麼都甘之如飴

還記得第一天上班報到時，辦公室空無一人，原來是因為前一天大家加班趕案子，所以隔天補休，只有留了一張便條紙給我，上頭寫著「辦公室有雜誌，請隨意翻閱」。就在我還在思考要做些什麼時，突然間部門長官余強跑進來，指著我準備一下，立刻和他到台中出差。完全搞不清楚情況的我，只能傻愣愣地說好，就跟著他走了。於是從這一天起，開啟了我在時尚圈之路。

我第一天上班就到台中出差，工作一天後，回到家已是晚上八點，媽媽對於我第一天上班就出差、還加班有點不解，「這份工作會不會太辛苦了？」相較於媽媽的質疑，我本人倒是超開心，因為初來乍到，每件事情對我來說都太新奇了！當時我負責的工作是櫥窗陳列（長君補充1），跟著一位較資深的姐姐做事，她怎麼做，我就在一旁幫忙，眼睛還不時觀察，深怕漏了一些細節沒學到。

由於 GUESS 是美國公司，所有的資料都是從美國那邊傳來，那時我的同事大多有不錯的英語底子，而且每個人看起來都相當有個性、酷酷帥帥的。由於集團的規模很大，裡頭有很多前輩，長官與同事們待我就像是親妹妹一樣，直到今日，我們大家的感情仍是很好。這樣的工作環境，讓我身旁的朋友非常羨慕，時不時就問我公司還有沒有缺人？但實際上，這份工作真的非常辛苦，當時適逢時尚圈起飛蓬勃之際，我們也順勢辦了很多大秀，其中不乏現在時尚圈的名人共同參與，像是台灣一線名模背後的重要推手、現為凱渥老闆洪偉明，就是當時我們的秀導。那時候，幾乎每週，都有時尚大秀上演，因此這份工作不但常常需要燒腦，加班更是常態，往往一加就到三更半夜，隔天還要提早進場，可以說是有亮麗又吸引人的外表，內在卻是很累，即使如此，我卻甘之如飴。

媽媽看我如此疲累，常常問我：「妳還要做嗎？這麼辛苦、這麼累！」我總是不假思索地回答：「媽，這是我喜歡的工作，做自己所愛的事，就不會覺得累。」就像小時候學美術設計，畫畫、靈感啊，多在半夜發生，通宵徹夜畫畫、趕設計，隔天照樣上學，對於這些事情其實我早已習慣了。

尊重職場倫理，廣結善緣開啟機會大門

也因為這樣，忙碌緊湊的工作節奏讓我設定了一個目標——要在這裡好好把自己的

長君補充1：櫥窗陳列：Window Display，櫥窗商品陳列，幫助商品的銷售與品牌創意形象的建立，也能吸引消費者目光，進而達到銷售的目的。國際精品如Herm s, Chanel 等都有很出名的櫥窗設計，韓國眼鏡品牌 Gentle Monster 也是因為櫥窗商品陳列，讓消費者體驗獨特藝術陳列商品之購買行為，進而達到銷售。

基礎打好。我的一位同事被 Beneton 挖角、跳槽，有回連繫時，她問我：「長君，若妳有機會來 Benetton，不只是做設計，還可以學做 Marketing（長君補充2），妳會有興趣嗎？」

這個工作對我來說，又是一個千載難逢的機會。設計，一直是我的強項，但對於其它領域，我也一直很想學習並施展拳腳，想到能獲得進入 Marketing 的機會，心裡有點心動，不過，在 GUESS/REPLAY 工作時，除了有幸能夠遇到一位好長官，十分照顧我，同事們之間也相處愉快，再加上我實在很喜歡那時的工作，每天上班都十分有幹勁，在猶豫不決下，我做了一件大膽的事情：直接跑去徵詢長官余強的意見！

「那位某某人找我去 Benetton 工作，您的建議是？」

其實，一直以來，我和老闆之間的關係都維持得不錯，這並非是我刻意討好，而是我入社會得早、年紀輕，加上從小家教的關係，對於職場倫理自然而然產生一種服從、尊重的態度。特別是在職場待久了，我漸漸了解，老闆和自己實際上是處於一種非常關鍵的相互依存狀態，就像你無法把工作做完，老闆就不能實現自己的總體規劃；同樣的，沒有老闆提供的資訊、觀點、經驗和支持，自己也無法取得進步。

當然，老闆有他的位階及職責考量，不見得會跟我們年輕人全盤分享，但當我以真誠的態度去諮詢他的意見時，他卻給了我一個出乎意料的回答，他直接跟我說：「長君，妳就去試試看啊！」老實說，聽到他這般回答，我心裡一驚，脫口問道：「老闆，你怎麼沒有慰留我？是不是我表現得不好！」他才和我說：「年輕人就是要多看、多學，這是一個機會。」

記得當初長官余強在面試我時，對我說了一句迄今仍令我印象相當深刻的話：「妳在學校學到的，只是基礎概念，其它的，就是要從職場上獲得的經驗累積。」於是，聽了他的建議與鼓勵後，我就坦然地接受另一個挑戰了。

Benetton 是我待的第二家外商，我進去工作時正是行銷活動風風火火之際，也因為這樣讓我有了許多跨界合作的學習機會，與花旗銀行合作就是一例。當時，花旗銀行有許多非常吸睛的行銷活動，皆在當時引起廣大的市場迴響，我也在前輩的帶領下，跟著做了不少有趣的行銷活動。

那時 Benetton/Sisley 是由兩家公司所代理，一家是西班牙籍老闆，另一家則是台商老闆代理。雖說兩家公司的老闆不同，但為了讓活動產生最大綜效，我們常常兩家公司

長君補充 2：Marketing：即行銷，運用企劃與媒體資源等規劃，幫助品牌做到目標銷售量與業績。

的企劃部門一起開會、一起腦力激盪，還一起分攤廣告費用，像是你下 ELLE 雜誌廣告，我就下 VOUGE 雜誌廣告，或者是今天要做公車車體廣告，費用就一家一半，兩家公司為了共同的目標，一起努力、一起合作，不會變成彼此間削價競爭的惡性競爭，這其實是相當難得的，就連進行櫥窗陳列時，由於我的年紀最小，兩家公司的前輩們，每個人都不吝嗇地對我傾囊相授，我的基本功就在 GUESS/Replay 及 Benetton/Sisley 這兩家公司的磨練下，快速又紮實地成長。

這一路上所遇到的老闆及貴人，能夠讓每個人都願意把他們寶貴的經驗跟你分享，甚至還願意提點你，這就是我能夠一路不斷成長蛻變的重要關鍵。

長君小叮嚀

1. 別給自己畫地自限，才不會把機會也給擋在門外了。
2. 換個立場角度來著想，成為老闆和長官得力的左右手，對同事、對下屬及合作夥伴，也能保持愉快的人際交流，因為他們隨時都可能是拉你一把的貴人。
3. 勇於挑戰不能只是口號，當機會來了，勇敢去抓住去嘗試，也許沒有你想像的那麼可怕，但是錯過機會，要再等到下次的好運氣不知道是何年何月了。

2 多方面歷練嘗試，商品採購與後勤倉庫的經驗，養成前後端完整的創業養份

思考職涯是一輩子的事，轉換跑道前先了解工作是否符合自己對職涯的規劃是非常重要的。

Benetton/Sisley 當時的總經理，是文藻外語大學畢業，有著相當出色的外語能力，常常擔任國外買貨的重責，也因為這樣，我有機會隨著去香港採購，學習 Fashoion Buyer（長君補充3）、也就是時尚商品採購的工作。這份工作同樣也是表面上看起來有趣，

長君補充3：Fashion Buyer，時尚商品採購，需要具備時尚趨勢敏銳度、市場業務營銷、採購預算編列等專業技能。

過程卻是十分辛勞。大家一定很難想像，從早到晚都在show room試穿服裝，脫了又穿、穿了再脫……無止盡的循環，究竟是什麼樣的感覺？那就像是一場分秒必爭的戰爭，我們的任務就是要在最短的時間內，把貨都挑齊，所以整個流程，幾乎沒有用餐的時間，肚子餓的話，桌上的零食隨手一抓就塞進嘴裡，只要能解飢就好。此外，這過程中，還要保持清晰的腦袋，要不停地思考、判斷，然後精準下單、計算數字金額，當時因為Benetton/Sisley在台灣的據點有幾十家，要採買的商品數量也非常龐大。

那種忙碌緊湊又緊張的場面，其實有點像日本築地市場的魚貨拍賣，拍賣者不斷拿出商品，喊著尺寸及數量，商品採購就要隨即反應，快狠準地看貨、選貨、下單。唯一的差別就只是少了魚腥味而已，而這還只是前端的商品採購工作，回台後的工作，還有商品尺寸分類配貨、商品專櫃人員教育訓練。以及年度後端工作，也就是盤點，這是必須要參與的年度重點工作，雖然那時我的工作是歸屬於行銷企劃／設計類，但所有的工作我幾乎都參與了。為了快速盤點，Benetton/Sisley有好幾個貨架，每個人都被分派、負責不同的條數，工作內容就是要把一疊的貨品上架及下架，過程雖然很耗體力及瑣碎，我卻樂此不疲，覺得相當有趣，也因此了解後勤倉庫單位的運作方式。

✧ 接受挑戰吧！從企劃轉行銷，開啟完全不一樣的視野

設計主打簡約、時尚有質感的美國品牌 NINE WEST，一九九五年進軍台灣時深受不少OL喜愛，因為不只好穿搭，價格也走在一般上班族可以接受的中等價位，所以在全盛時期，台北市像是東區之類的黃金地段，都可以看到 NINE WEST 的店面。

在 NINE WEST 工作，是我職涯裡一個最重要的學習與貢獻，因為在 Benetton/Sisley 時，我的工作主力仍是企劃與設計，在進入 NINE WEST 之後，才是真正接觸、學習行銷的開始，這也是我第三份在外商的工作。

就在 Benetton/Sisley 工作約莫一年的時間，正值 NINE WEST 剛進入台灣市場之際，之所以會從 Benetton/Sisley 轉換到 NINE WEST，同樣也是經由以前的同事引薦，也因此雖然我在 GUESS/Replay、Benetton/Sisley 的工作經歷都沒有很久，但都不是我自己主動離職，除了都是被挖角外，同樣地，我的老闆們也都很支持我要離開的決定。

和之前的情況一樣，知道有這麼一個職缺機會，我也同樣向當時的老闆諮詢他的看法，沒想到，他劈頭就叨唸了我是「豬頭」：「妳要換工作，怎麼會是選擇 NINE WEST？妳的下一份工作，應該選擇去精品 Chanel、Prada、Gucci 等等的國際大品牌，

才會對職涯加分！」

聽到老闆這一席話，雖然被罵了「豬頭」，但是心中卻十分感謝老闆如此坦誠地給予我建議，不過我還是把自己的看法及考量分析給他聽：「若是我現在立刻跳到這一些國際精品品牌，我的成長可能會被限制，而在深入研究 NINE WEST 後，我發現能夠學習與發揮的範圍較廣，加上我看好它未來的發展性，雖然這個品牌才剛進台灣，但之後勢必會進行很多行銷活動，我希望藉由這一個難得的工作機會，可以好好接觸行銷、翻玩這個品牌。」

我是個喜歡接受挑戰的人，同時也很清楚自己的職涯規劃，了解什麼是自己希望在下一職涯所養成的能力與經歷。後來，進入 NINE WEST 後，果真一如我原先的期待，我們行銷部門所規劃的活動還獲得了廣告獎項的肯定，那個活動還一砲而紅，甚至上了陶晶瑩當時最熱門的電視節目，並與節目長期合作。

當時我在 NINE WEST 的主管 Steve，為 NINE WEST 規劃了很多行銷創意的活動，搭配業務部、商品部等團隊，讓 NINE WEST 從沒沒無名，到成功登上台灣女鞋銷售的第一名，同時也曾是台灣市場占有率最高的流行女鞋品牌，真的相當厲害。

事實上，NINE WEST 自一九九五年進台，曾歷經一九九九年、二〇一三年等美國總公司數度易主，由於未能改善財務結構，二〇一七年度總營收十四億美元，甚至與債務相當，最近事件則是 NINE WEST 美國控股集團在二〇一八年四月初宣佈申請破產重組。其實 NINE WEST 會衰退，有一大部份的原因是因為美國總公司沒有跟上網路的趨勢，在電商平價女鞋衝擊下，又無法快速迎合年輕人的消費喜好積極轉型，這其實也是當前許多大品牌所會共同面臨到的問題。就像 Burberry 在中國大陸不停地舉辦大秀，希望促進消費，實質上卻沒有引起太多的迴響，Burberry 仍沒有停止發展的腳步，反而嘗試多樣化的經營管道，不僅向童裝、家居、包袋等多領域伸出觸角，官方網站上更推出了網路銷售模式，還針對大陸消費者開設了訂製服務，消費者可以在網站根據自己的喜好對服裝的材質、顏色進行自主選擇和搭配，二〇一三年還正式登陸大陸網路電商平台「天貓商城」，成為第一家在大陸 B2C 網路商店上開張營業的國際精品品牌。

儘管朝著線上虛擬交易發展是一種趨勢，當然也不是一味地仰仗 Social Media、網購就能佔據市場，很多建築在雲端世界的東西，其實非常有可能會變成泡沫。以中國大陸的電商熱為例，大陸電商藉由「互聯網＋」的起勢，近來在各行各業快速崛起，幾乎將實體店面打趴，但這一兩年也開始出現倒閉風潮，像因淘寶一夜致富，而有「淘寶村」之稱的山東曹縣村落也因為如此一夕沒落。這些新科技、新工具，更像是兩面刃，非得妥善使用不可，特別是大家所喜歡的 Social Media，我在後面會再補充分享。

✧ 強調自己優點，也不要忘記做出貢獻

在這一篇的最後，我想先跟各位讀者們補充一個要在外商面試成功的小提醒。

我先生與我一起創業，在面試時，他很期望聽到年輕人能表達自己的所學能如何應用、貢獻給公司，或許因為他是在美國長大，美式教育常會強調一種等價關係，也就是貢獻度，因此，**在面試時，要學會強調自己的貢獻值，或是人格特質、工作態度、團隊合作能力等**，這其實就是一個讓面試官了解「為什麼你是最適合此職務的人選」的一個機會，特別是如果競爭者能力均值，「強調對於這個職務，你能提供及貢獻什麼？」絕對會是個好方式。

當然，若你還肯多用點心，不妨把你的貢獻值，也就是你過往的實績，作成一份全新的簡歷表，自然能加深面試官對你的好印象。在我的年代，並沒有人指導我要這麼做，但是，我每換一次工作，在面試時，絕不會只是拿出以前公司的作品，而是會重新整理製作一份新的簡歷表。現在我在面試新人時，若應徵者拿的全是前公司的作品，反而會

讓我覺得這個人可能不太適合，因為有些作品或成績可能涉及前公司的商業機密，加上我發現，現在來面試的年輕人常說不出自己有什麼優點以及為什麼能夠勝任這份工作，這其實都會讓面試結果打了折扣。

就像管理大師彼得杜拉克（Peter Drucker）認為，**每個人都可將職涯分為上、下兩場。上半場要了解自己的長處和價值，在職場上找到歸屬，並且做出貢獻。下半場則要認真思考「第二人生」，達到真正的自我實現**，才能讓這一生不枉此行。

長君小叮嚀

1. 千萬別亂投履歷表，應該先了解該公司的經營方針、欲應徵職位的工作內容後，再用心準備面試的資料，以及應對面試官的問答演練。面試當天需注意是否有正式得體的服裝，乾淨整齊的髮型以及有精神的淡妝儀容。
2. 還在職場奮鬥的朋友們，持續充實自己的各種能力，來因應未來市場的變化，才不易被市場淘汰。
3. 有時候工作會有壓力、有不如意時，不妨轉換心情，轉移注意力，找些令你開心的事物吧。正面思考是需要不斷的練習，才有力量持續下去。

3

品牌要經營成功，來自於對所有細節的把關

無論做任何事情，一定要自己先用心，才可能會有好結果。

很多時候，我們所看到的產品，甚至企業會成功，其實是有它的時代背景，也就是所謂的「天時地利人和」。但是，要一直持續下去，就像創業能夠能成功，就得回到你的初衷。這過程其實非常地疲累、也有很多挫折，非常需要不斷地堅持。

STARFiSH 星予成立迄今，今年邁入第十六個年頭，也繳出一張亮麗的成績單，但是，大家一定很難相信，一直到現在，我們每天固定晨會，親自追蹤專案進度，每天工作都要有其效率，甚至連同仁對外的邀約電話都是經過審核才能上戰場、面對客戶及媒體記者，這是因為我相當重視「名聲」，也就是愛惜自己的羽毛及重視口碑，這樣的態

度對客戶來說，也是一種品質的保證。

之所以會這麼堅持的原因，是當初我在 NINE WEST 所學到的重要一課。

了解資源分配，從無到有做好活動

一九九七年，美國 NINE WEST 集團，結合帕森設計學院（Parsons School of Design）在人文薈萃的紐約共同籌辦了第一次的「鞋的藝術創作」比賽。如果你是喜歡看《決戰時裝伸展台》（Project Runway）這個節目的人，那你一定會知道 Parsons 有多厲害！像是 Gucci 現任首席設計師 Tom Ford、Donna Karan、山本耀司，為 Louis Vuitton 打響服裝設計名號的 Marc Jacobs，以及名攝影師 Steve Meisel，都是該校的傑出校友。

在主辦單位高知名度的號召下，果然吸引不少頂尖好手參賽，一款款創意結晶，在美國造成轟動。因而隔年，我們也決定將這個比賽概念移植到台灣，也就是一九九八年的九月，力促以台灣台北為這場競賽的亞洲第一站時，立刻引起紐約、倫敦和其他設計與藝術重鎮的關注眼光。大家都在看著，在沒有任何題目、材料的限制下，台灣最有創意的鞋會是什麼樣貌？

在巨大的壓力、又沒有前例可循的情況下，當時為了辦好這個比賽，我們需要找一家廣告公司協助，由於我的主管 Steve 擅長行銷，待過知名外商銀行，在執行大型活動相當有經驗，他請我不要侷限、只找市場上具知名度的大型4A廣告公司（長君補充4），他的理由是：「4A大型廣告公司的分工很細，加上業務繁多，你的案子會分給哪一個團隊執行是無法得知的。在資源分配的原則下，最好的團隊往往會被最大的客戶綁住，你的預算若只有兩百萬元，通常會被指派給比較小的團隊來執行，在扣掉一大堆成本、沒剩多少利潤的情況下，相對地，也就無法有最好的能手來服務。」

那時候，台灣正是廣告業百家爭鳴的時代，除了4A廣告公司，還有不少小型的廣告公司，甚至還有專門雜誌主題式報導台灣新創的廣告公司，而當時像中興百貨、司迪麥口香糖等，都因這些具創意的廣告公司，催生了不錯的廣告。

而當時小型的台灣本土廣告公司，不乏從大型廣告公司出來自立門戶的高手，於是我們便從中挑選了一家，果真如主管所說，在好的廣告公司協助下，我們第一次所舉辦的鞋子創意比賽，不僅獲得好評，還獲得了「時報廣告金像獎暨金手指廣告獎」的殊榮。

✧ 即便是委外，自己也要盡心

除了學到這件事之外，當時主管 Steve 也教我不要隨便找對方上門提案，避免浪費別人的時間。他要求我們得自己先花時間研究，好比說，在選擇廣告公司前，要針對鎖定好的十家廣告公司進行研究與分析，像是每一家的風格、專長是什麼，再把範圍縮小，從十家減少到三家符合我們需求的，再一一去拜訪、一一去洽談，完全不需要等到對方來提案，這樣作法除了可省下提案費用，最重要的是，那時候 Steve 為我建立了很正確的觀念，讓我現在至少不會當奧客。

在我們一一拜訪過這三家小型廣告公司，進行深聊之後，從裡頭找到一家我們覺得最合適的廣告公司，而對他們而言，我們的預算也剛好符合他們的期望，彼此在合拍的情況下，自然事情就會做得好。所以，能夠找到合意的合作對象，最終還是要回到自己

長君補充4：4A 是美國廣告代理商協會的簡稱（全稱為 American Association of Advertising Agencies），4A協會對成員公司有很嚴格的標準。

的身上，我們花了很多時間**先弄清楚我們的需求**，**而不是只把預算提出**，讓廣告公司自己來爭取，一個成功的活動，**就算是要委託其它單位執行**，**自己也是得盡心出力的**。

因工作關係，我認識了許多事業有成的大老闆，有趣的是，他們不約而同表示，不喜歡「CP值」這個詞，也就是所謂的「物超所值」。假設今天你只能給得起薄利，試問要如何要求別人端出高品質的產品？

與廣告公司攜手合作下，我們相當積極推廣活動，一方面廣發武林帖鼓勵具創意力的年輕人參加，一方面邀集知名服裝設計師竇騰璜與張李玉菁、實踐大學視覺傳達設計系主任謝大立、室內設計師陳瑞憲、媒體資深記者袁青，以及造型和主持功力創意連連的陶晶瑩等，擔任此次活動的評審。

單純用心投入，產生意外延伸效應

雖然NINE WEST在台灣舉辦的比賽不像美國那樣，並未與任何學校合作，但從參賽者和得獎者的年齡與學歷背景，倒也出現些許巧合。一個多月後，在眾多的參賽作品中有五十件入圍。其中，大部分的參賽者都是在學的大學生，甚至還有兩名高中生的作品入圍，我們想要鼓勵新生代踴躍創作的初心似乎從這個比賽得到良好的回應，更重要的是，這一次的比賽不僅是將台灣推向國際的文化交流，更為台灣藝術灌注了豐沛的新生命力。

還記得獲得首獎的學生，設計的作品名稱是「扒光鞋子的衣服」，他利用模型玩具的形式，表現鞋子的趣味性、多樣性，並傳達出鞋子和主人之間微妙相容又相斥的情感。除了他之外，還有非常非常多讓我們大呼不可思議的精彩作品！

在這次「鞋的藝術創作」競賽裡，NINE WEST 建立出聲量，而我們對活動的用心與設計，也獲得各界的好評。例如對參展作品的尊重，當參觀者走進一片漆黑的展覽空間裡，僅存的數道光束只打在作品身上，不但讓鞋子展現不同層面的視覺魅力，也再度提醒觀賞者，這些鞋子才是會場上的主角。

再者，對此次參賽的學生來說，不管未來是否會「學以致用」，但透過這個比賽，我們鼓勵學生，用最真、最純的想像力和原創性設計出一雙好作品。而最難得的是，此次參賽學生所用的材料都非常簡單，但依然能創造出豐富的作品。在社會批評年輕一代過度消費的普遍價值觀裡，這群學生的反璞歸真讓人興起了一股希望。

當時，因沒有前例可循，所有的參賽辦法及展覽活動，我們都得自己從無到有把它設計出來，單純又用心的投入，壓根沒想到後續會有這麼多的延伸效應，甚至最後還上了陶晶瑩在當時最夯的電視節目——娛樂新聞，在節目中拿著我們的比賽作品跟觀眾們分享。這些意料之外的收穫，大大鼓勵了我，也期許未來的自己能再次創造更多與眾不同的行銷活動。

長君小叮嚀

1. 創意智慧無價，尊重每位為品牌付出心力的企劃提案寫手。
2. 年輕時盡情揮灑天馬行空的思維，一旦找到目標全心全力的付出努力，就算跌倒失敗，也能拍拍灰塵再站起來，謹記學習到其中經驗，期許下次會更好。
3. 不要忘記單純的初衷，這會是你勇往直前的動力。

4. 設定目標前，需先清楚自己的職涯規劃

想要的東西，只能靠自己。這世界上所有的一切，都是有代價的，正因世界是公平的，不會有從天而降的白吃午餐。

在 NINE WEST 時期，主要是主管很肯給舞台，也很願意教，所以那段時間我成長得很快。後來，我的主管離開 NINE WEST 去創業，在他離開後，我並沒有因為主管前腳離開，後腳就跟著走，我繼續多待了一年，但在那段期間，工作內容變化很多，從文案、創意、陳列教育訓練到很多瑣碎的事情，都要我一人一手包辦，還記得那時候操勞過度，讓我一度暴瘦到只剩下四十三公斤。

在身體不堪負荷的情況下，我決定要離開 NINE WEST。對於下一個想嘗試的工作，我一開始原本鎖定的公司是卡地亞 Cartier，跟之前轉換工作的情況一樣，我事前對

卡地亞做了仔細的研究，發現這個富含歷史、故事、精湛工藝的品牌，能夠提供我相當大的再成長空間，但我進一步剖析自己的條件，卻發現我當時的背景、經歷，只是屬於Fashion（時尚），而不到Luxury（精品）的程度，這兩者之間是有差距的，所以我並不容易拿到那張門票。

遇到瓶頸及困惑，向前輩諮詢

正當我為這件事苦惱時，交情好的前輩們給了我一些寶貴的建議：「長君，妳要不要考慮先進化妝品產業看看，因為大多數在化妝品公司歷練過的人，相對都比較有機會能進入所謂的Luxury產業。」

能夠快速清楚自己的Career Planning（職涯規劃），真的得歸功於我的前輩們。其實，每每當我在工作中感到困惑，我習慣找前輩們聊天，他們會給我很多意見、建議，並傾囊相授，讓我藉由他們的經驗之談，從中慢慢理清、找出頭緒及自己未來的目標。

而能夠有這樣的好善緣，有一部份是來自我人格特質中那種自發性的熱心。在NINE WEST時，除了份內的工作，我們還常做商品外借，協助雜誌、報紙做穿搭介紹，當時就有不少記者知道我很熱心，常會打電話給我：「長君，我需要什麼款式、什麼品牌，能否請妳幫忙借？」沒錯，那時只要一通電話，打給我就對了，我全部幫你搞定、也全部都會快速處理好，完整地寄給向我尋求協助的人。

雖說那些品牌分屬不同家的商品，但因為我的熱情及熱心，和各家品牌皆維繫了不錯的關係，也因此，當記者一有需要，我能很快做好整合及調度，快速把事情搞定。

記得在我拿到 L'Oreal Taiwan 的 Offer 並正式上任後，在那個年代，舉凡大企業重要職位的人事更換交替，報紙新聞都會報導，有位徐氏記者長官將我從 NINE WEST 轉換到 L'Oreal Taiwan 報導出來，看到時，我真的相當感動及驚訝！那個名單、小小的表格裡全都是業界很知名、厲害的前輩，沒想到，有朝一日竟然也會有我的名字！真的是對我的一大肯定外，因為我是跨產業跳槽，時尚圈的編輯們還十分熱心地幫我跟美妝圈的編輯們打招呼，「這是 June 長君，請大家好好關照她。」這也是廣結善緣的結果。

回到 L'Oreal Taiwan 求職的主題，此刻回想起來，這真的是我人生工作中成長最多的一段時期。

在獲得寶貴的建議後，我仔細思索了一番，決定以 L'Oreal Taiwan 為目標，為自己投遞履歷到人事部，履歷送出後，我也同步積極地打聽裡頭工作環境及情況，很幸運地，有認識的朋友在裡面工作，透過她的協助與推薦，直接將我的履歷表上呈給人事部總經理，沒多久我就如願獲得了面試機會。

迎接挑戰，做好不怕吃苦的事前準備

作為全球最大、最知名的化妝品企業，同時也是財星全球五百強企業之一，就不難想見 L'Oreal 是怎麼樣一個高度挑戰的工作環境，但是就像凡事都有兩面，若我能成功克服，它也將會是我職涯中重要的一角。於是，我下定決心，要讓自己接受挑戰。

雖然決定去 L'Oreal Taiwan 工作前，我做了不少心理準備，更把自己早早轉換成戰鬥模式，不斷地替自己打強心針——就算會躲到廁所裡偷偷哭，我也不能退縮，因為我知道這就是我要的。然而真的進去工作後，超乎預期的磨練與壓力在過程中還是不斷地挑戰我，以前在工作時，會跟先生訴苦，他當時跟我講過一句話：「L'Oreal 是全球最大也是最有名的化妝品公司，Lancôme 也是集團中最重要的品牌，全台灣也只有你一位 Lancôme 公關經理，妳知道有多少人擠破頭想拿到這張門票？和世界一流的高手們過招，豈有不辛苦的道理？」

這句話就像一記警鐘，「噹」的一聲敲醒了我，自此後，我就不再抱怨，只盡力地專注在工作上頭地做。現在回想起來，那段工作磨練已成為我的養分，更成為我的厚度，也讓我在日後的演講分享，總不忘提醒年輕人：「**如果你想要有所成就，其實就是要有不怕吃苦的毅力而已。**」

記得在那段日子，除了先生的支持，我的第一任，也就是GUESS/REPLAY的老闆，還會時不時地從國外打電話關心我，對我噓寒問暖：「June，妳工作情況如何？順不順利？」他除了會關心我，也是不忘叫我要忍耐，「妳要撐著，至少兩年，不要放棄。因為一份工作，前半年只是用來適應，第一年才開始學習及了解熟悉，而妳是有工作經驗的，所以，第二年妳才能好好發揮，開始對這家公司有貢獻。」這就又回到我前面所提到的，你要能在職場有所貢獻，才能建立出自己的Credit（信譽）。

於是我就像拚命三郎，周一到周日，全日無休地在上班，趁著午休空檔，才快快跑回家吃個午飯，午餐吃完再跑回去上班，絕對不浪費時間與同事閒話八卦。晚上下班後，即便會跟以前的同事，或現在的同事吃飯，但是吃完飯後，我會再返回公司加班，往往下班時間就已經是半夜十一、十二點了。

✧ 自發性努力，完美展現專業

印象最深的一次是，在一個週六中午，要參加大弟的婚禮，午宴上眾人舉杯祝賀，我開心地陪著大弟和大家輪流敬酒，心中實在是很高興，喝得好不暢快，喜宴結束，我立刻就想回公司報到，一旁的妹妹看到我已微有醉意，便勸我回家休息，別回公司加班了。但是我還是堅持，即使頭暈也得回去公司把工作完成。

這麼堅持的原因並不是公司要求我得回去加班，純粹是我自己自發性的，這是因為隔天有個相當重要的會議，我得準備好才行。在 L'Oreal Taiwan，所有的簡報全部都要求要用英文簡報，還得想 Q&A，同事與長官會提出什麼問題？我又該如何回答等等，這一連串的事情都需要事前準備，特別是相較很多留過洋，甚至是 ABC 的同事，英文不是我的母語，為了不出錯，同時也表現出自己的專業，我要求自己一定充份準備，好完美上陣。

果然，在經歷了兩年多的 L'Oreal Taiwan 歷練下，我的英語能力同時也突飛猛進。其實，為了提昇英語能力，早在進 L'Oreal Taiwan 前，我自己便利用下班後的時間練習英語，甚至在 NINE WEST 工作四年的期間，特別到政大進修英語結業，在 L'Oreal 時期也去師大進修法語一年。有趣的是，我為了將英文學好可說是無所不用其極，就連和那時的男朋友，也就是我現在的先生，我也常把他當成練習英文簡報的對象，直接來個線上真人互動，就像今天的 Tutor ABC 一樣。**把工作融入生活中，傾盡全力做好，是我對自己負責的態度**。

長君小叮嚀

1. 當你熬過那段艱辛的歲月，便會嚐到豐收的果實，不要輕言放棄你曾經的選擇。
2. 年輕就是本錢，也就是你有足夠精氣神的體力，來應付職場各種的狀況。你想要在三十五歲後過自己想要的人生嗎？現在就開始努力吧！
3. 沒有雄厚的家庭背景，多結善緣，多聽前輩之言，分析判斷因應各式狀況，藉由前輩指點，讓自己少走錯一些路。

5 別怕被批評，這反而是幫助成長的契機

工作被「釘」是難免的，然而情緒性的反彈只會讓你跌進自己挖的洞裡，不如正面看待批評，將它化為變得更好的動力！

去L'Oreal Taiwan面試，也是一個相當難忘的經驗。

前一篇提到自己下定決心去L'Oreal Taiwan挑戰，便很順利地獲得了面試機會，既然下了決心、做出選擇，依照我的個性就會傾盡全力做足準備。為了讓自己能夠脫穎而出，在面試前，我費了一番功夫，將過去的經歷，重新製作了一份具創意又富個人特色的履歷簡介，然後在面試時，將個人簡歷及作品集一起呈給當時的面試官——我的法國老闆。

為自己創造面試加分的利基與項目

法國老闆一看到我的履歷作品，露出十分驚訝的表情及有點不可置信地語氣詢問我：「June，這全部是妳做的？」我點頭說：「對。」於是，他又快速瀏覽了一下我的履歷，發現我每一份工作都有一定年資，不是一個隨便換工作的人，並驚訝於我的每一段工作經歷都是靠自己不斷努力累積而來。

後來，我才曉得這個職位的流動率很高，難免會讓面試官對求職者多了一些疑慮，像是：抗壓性相對較低、情緒起伏大、工作技能不能紮實、人際關係處理不佳等等，而短期間常更換工作的一大缺點，便是工作經驗不能夠好好地累積。因此，這也是為什麼我會不斷強調，換工作要謹慎，避免從事落差很大的工作外，是否要急著換，累積經驗才換，都要三思而後行。

而我之所以能以非常年輕的年紀拿下 L'Oreal Taiwan，並負責 Lancôme 公關經理的位置，除了上述的基本原因之外，也因剛好 L'Oreal 希望將 Lancôme 這個品牌時尚化，由於我的前一份工作 NINE WEST 在那個範疇做得十分成功，吸引到不少國際品牌的注目，甚至有些國際品牌還會去深入研究，NINE WEST 為什麼能異軍突起、做到台灣女鞋產業的第一名？不僅如此，還遙遙領先第二名，創造出驚人的市佔率差異……這都成為我能雀屏中選的加分項目。

✧ 正面看待批評，從細節中成長學習

當時最後一關面試我的這一位法國老闆，在離開 L'Oreal 之後，自行創業外，後來還成為義大利精品跑車的顧問。在我創業後，他也成為了我的客戶，他的公關活動皆交由我替他操刀，有趣的是，十年後，也就是二〇一七年，法拉利新大樓落成，邀請F1冠軍賽車手 Kimi Raikkonen 助陣，也是由我的公司來操作公關活動的。

法國老闆對工作有高標準的美學要求，還記得有一次，我們舉辦一場 Lancôme 美白產品的記者發表會，那天我帶了一個十分花俏的包包，一踏進門，法國老闆就立刻板起臉對我說：「June，妳的包包顏色不對！今天的主題是美白，妳從頭到腳都要突顯出『白』這個主題！千萬不要忘記，妳是公關，代表著品牌形象，妳要非常注意！」

雖說他真的是一個嚴格的老闆，但是嚴格中還是流洩著人情味，直到現在，我有時仍像他當年青澀的下屬，偶爾還是會被他噹，但不同於其它同事對他噤若寒蟬，我反而

很感謝他的『提點』，就像包包的例子，老闆一發現我包包不對、立馬譴責，很多人應該就嚇死了，但對我來說，由於我清楚知道自己要什麼，所以被噹就被噹，趕快更正就好，並記住不要再犯同樣的錯誤。

當時 L'Oreal Taiwan 有很多應酬宴客的正式場合，也常常會宴請國際來的貴客，我便是趁著那些寶貴機會，開拓自己的眼界，加上外賓喜歡派對，在社交過程裡，我跟隨在老闆身邊，自己注意留心學習到了不少國際社交、技巧及禮儀，揣摩出很多眉角，也知道要如何避開地雷。

在 NINE WEST 工作時，總經理 James 也是一位嚴格要求的人，他不僅重視細節，對於錯字，更是嚴格。沒想到，我的法國老闆對錯字更加嚴謹，完全有過之而無不及，以前的台籍老闆頂多挑中文的錯字、逗點、句點、間距等等，而這個法國老闆則是挑英文加法文的錯字，好比說 Lancôme 法文O字母上頭有沒有小勾勾，不小心弄錯就會被唸……也因為在他毫不放鬆的要求下，讓我了解公關工作得相當重視細節，一點小地方都馬虎不得！

還記得有一回和法國老闆外出，車子一來，我自動坐上前座，這也是一個相當重要的細節。因為跟老闆出門時，千萬要記住，老闆的座位是在後座靠門的，自己要主動坐到前面，也就是駕駛旁的位置，因為你是付錢與導引司機路程的那一個人。很多年輕人看到車子一來，就會搶著坐後座，讓老闆付錢，或者是不願先代付款之後再去補請款，這其實都是職場要留心的細節。

若想要在工作裡有成長，就得從這些細節中學習，別把自己當成小朋友，隨時都需要老闆照顧。

在我坐上前座後，利用空檔就拿起化妝包補妝，沒想到坐在後頭的老闆一瞄到，馬上就問：「June，妳手上拿著是什麼品牌的彩妝品？」短短的一個問句，就是要提醒我是公關、在外代表的是品牌，要記得使用自家品牌的產品。

被老闆提點了之後，我並不懊惱也不生氣，反而一回到公司，我便立即拿了員購單，開心地勾選採買，同事見狀還疑惑地問我：「妳為什麼可以申請超過額度？」我開心地回答：「老闆要求的。」

通常我被唸過一次，便會記取教訓，有些人的個性就是鐵耳朵、怎麼講還是固執己見，甚至認為：「我就是我，我想用什麼，關你什麼事？」這其實都不會成長，我的想法很簡單，被罵轉個念就好了！自己要會製造快樂。

✧ 記得看事情好的一面

被老闆批評或譴責的時候，我相信大部份的人都可能會沮喪、憤怒，試圖反駁，甚至想要報復，但是，千萬別輕易將批評解讀為針對個人的不滿，其實應該拋棄這種想法，以正面角度轉化，並找出對方批評的目的，才能解決問題。就像我會覺得，有人提點我是件好事，並會因此仔細思考、採納建言，而不是總想著你憑什麼唸我，總是據理力爭、加以反駁，反而會先反省自己是不是在這個地方做得還不夠好。

在 Lancôme 工作的期間，我總共換了三位主管老闆，這三位主管老闆都為我帶來不同的學習及成長，就算被罵，我也不計較，在我心中，我會時時提醒自己記得他們良善的一面。畢竟，一直記得一個人不好的面，心裡難免就會不舒服、氣他，甚至討厭這份工作。正因為**我永遠都會記得要結善緣、與人為善，遇到挫折，才能一關又一關地克服下去**。

這樣的信念，也讓我在職涯累積出好人脈，而能夠在 Lancôme 好好發揮，老實說，最大的關鍵在於以前所建立的人脈，及在外面所遇到的客戶、老闆、廠商、媒體都對我十分信任，一句「June，我罩你！」就為我解決了問題，就連遇到挫折時，他們也會為我加油打氣，叫我不要氣餒，有了他們的鼓勵作為後盾，我就這樣憑著蠻勁，一路傻傻地做。

這就像我一個記者朋友說我是「傻人有傻福」，不管環境多麼競爭、周遭有多麼多流言蜚語，橫豎就不要去在意、也不要去多想，因為想了之後，工作就會做不下去，太痛苦了，轉個念，真的會有不同的風景。

長君小叮嚀

1. 有時一時之爭，也爭不出個所以然來，只為賭一口氣。何不讓自己靜下心，深呼吸，轉換注意力，讓壓力獲得釋放，別讓自己沈澱在負面情緒中，試著找出讓自己快樂的方法。
2. 不要小看每個與你合作的廠商，如果合作愉快，請繼續維持好關係，因為好的廠商不好培育，老字號的廠商歷久彌新，若干年後也會是你得力的幫手。
3. 接受批評，會是讓你自我反思與成長的因子。

6 細心察覺需求，盡全力滿足客戶，才能做好公關

不管自己的能力再怎麼好，尊重專業分工，各司其職，才能專業地把每件事做好。團隊合作才是最重要的！

在 Lancôme 擔任公關經理時，除了公關工作內容外，還要會編列年度公關預算，以及需要與法國總部進行直接聯繫，進而開啟了我和國際聯繫的機會。

其實，早在 NINE WEST 時期，由於 NINE WEST 在台灣的業績相當出色，我也因此獲得去香港協助教育訓練的機會，指導香港同事的同時，並分享台灣的成功經驗。當時因為 NINE WEST 很早就進入中國市場，連帶地，也讓我很早就開始佈局公司在中國大陸的宣傳策略，那時很多國際版雜誌如 VOGUE、Esquire 尚未進入中國，於是就讓我

與對岸接軌購買對岸 ELLE 雜誌廣告的機會，也因為這樣，奠定了未來我與國際接軌的工作雛型。

越艱難的任務，越能讓人成長

一般人對於公關的印象是舉辦發表會造勢，吸引媒體的報導。事實上並非只是如此而已，公關人員其實是走在公司最前線，需要深入了解市場之所向、了解社會脈動。特別是現代的社會，以前消費者吸收資訊的主要來源是在電視、報紙、雜誌和廣播等，主要是以單向溝通為主，但今日的媒體環境變得更加複雜，網路、社群網站、即時通訊軟體，如 Line、WhatsApp、WeChat 等等，多元的溝通管道成為大家吸收資訊的途徑之外，網路也讓個人的言論發表與擴散更為簡單。其實，舉辦發表會只是公關策略的一小部份而已，平日就要一點一滴累積正面動能，才能在重要時刻爆發出來。

身為公關，其中還有一個很重要的工作內容，為「安排媒體國際採訪行程」之公關活動（Press Tour），這可不是一般的觀光旅遊，而是一個人要帶十多家媒體，還有主管，一起到國外出差，其間每一位主管都會交派給我不同的挑戰，而面對這些挑戰，我的態度總是：越艱難越好，這樣才能讓人越能夠有所成長。

前一篇提及，我在 Lancôme 工作的期間，共換了三位主管老闆，這三位主管老闆都為我帶來不同的學習及成長，也在我創業後，給了不少鼓勵，甚至成了我的客戶。以第二位老闆為例，我便與他合作過韓國最大的化妝品集團——愛茉莉太平洋（Amore Pacific）的案子。

其實，合作關係就是一種「連連看」的整合，好比說，當時我有朋友在唸台大 EMBA，恰巧專題討論的個案主題是「愛茉莉太平洋」公司，於是我便立刻安排了一個飯局，邀請愛茉莉太平洋第一任總經理與第二任總經理，他們恰好都是我以前在 L'Oreal 時期的前輩們，讓在唸 EMBA 的朋友能夠更深入了解這家企業，於是，這場飯局變得相當有趣，吃飯過程就看到朋友相當認真地在作筆記，這種「Win-Win（雙贏）」的整合，其實也是我樂意及擅長的。

✧ 將任務努力做到盡善盡美

二〇〇九年，Lancôme 透過與肌膚有密切關係的「NO」（一氧化氮），推出一項結合美白新科技的產品。這個「NO」的理論，主要是源自於一九九八年諾貝爾醫學獎得主——美國 UCLA 醫學院的 Louis Ignarro 博士之得獎論文。根據此一理論，Lancôme 日本實驗室發現，肌膚變黑的主因，在於我們的肌膚角質細胞一旦受紫外線侵襲後，便會釋出NO，促成黑色素增生。因此，若能迅速截斷NO傳遞訊息的途徑，就能抑制黑色素，達到積極美白的目標。

為了這個重量級的新品上市，我便與我在 Lancôme 的第三位主管老闆一同去參加東京的記者會，由於美容線記者們已有無數次去日本東京出差的經驗，所以我不敢馬虎，出差前買了所有的最新日本雜誌，認真翻閱、研究，哪間最新的餐廳、最特別的景點或是商場，就算看不懂日文，也努力地查詢自己能理解的漢字，從一堆資訊裡挑選出必選、必去的地方，並將行程縝密地規劃好。

基於前去東京的主要目的是為了要參加國際型的記者會，而主題更是涵蓋了相當專業的諾貝爾醫學成份，將在 Lancôme 的商品中使用，為了方便媒體們能夠以最快的速度了解技術與產品，我便著手先把那些艱澀的內容全翻成中文，還進一步潤飾好，由於裡頭有不少專有名詞及技術，我特別請教公司一位唸台大的男同事協助，帶我去台大毒理所請教他的教授，採訪什麼是NO？這些技術的內容等等……雖然我是門外漢、一竅不通，但我馬上作記錄、拚命記，都寫下來就對了！等到採訪完，再打成逐字稿，並對照法英版的新聞稿作仔細地比對。

之所以要這麼大費周章的原因是，在速成的時間，翻譯者不見得有真正去研究技術專有名詞，便會造成翻譯不盡然準確，所以我得解決這樣的問題，重新再寫好、潤飾好，從台灣帶去日本，在當天記者會，給予媒體一人一份，甚至香港分公司前往的公關與記者都沒有這些資料，在旁羨慕我們做足了準備功課與完整中文產品資料。

我其實是一個比較積極、敢發問的人，也因此，要作專訪，出發前已與日本溝通台灣媒體絕對要安排第一組專訪諾貝爾醫學獎得主與品牌代表之外，我還替每一位記者預先準備每天要使用的車資零用金，雖然他們最後沒有使用，全數都退還給我，但是，這是一種必要的安全準備、以防萬一。

由於美妝線記者不少是臥虎藏龍的美食達人，行程的安排也要格外細心。我也很幸運，在事前作足功課，第一晚用餐的餐廳，就真的讓我「賺到了」！這一家意外發掘的無菜單餐廳，雖然只能靠比手劃腳示意，也剛好有記者會簡單日文，全程用寫的溝通，再交由廚師全權負責菜單規劃，沒想到，餐廳端出來的料理真的是美味到太讓人驚豔，媒體朋友們也吃得十分盡興及滿足。而值得一提的是，這頓晚餐並沒有因為是無菜單的料理而超出預算，我卻贏得記者團的信任，讓第一天行程圓滿落幕。

隨著第二天重頭戲的記者會到來，將媒體們帶到會場安頓好後，我自己先驅前去跟受訪者打招呼，告訴他我們是台灣來的媒體，將會是第一組訪問，先打點好通關，讓採訪順利進行。

公關的工作就是要先想到客戶所有的需求，並盡力滿足，讓所有人都能被服務得心滿意足，因此在之前所下的功夫可不能少！

✧ 別為了證明自己，而忽略專業分工的重要

很多人很好奇，「June，妳為什麼什麼事都要這麼拚命？」這道理其實很簡單，除了出自我的長女性格，什麼事都要求自己要認真負責外，我也是為了證明，我並非是靠年輕、靠外貌、討老闆歡心，才能得到這個位置。

也因此，當時我的工作，全都憑一己之力承擔，凡事也都事必躬親，沒有外發，只有一位 Freelancer PR 幫我寫新聞稿或是發想一些新梗。這樣操練下來，有一天我還突發其想地跟助理說，「說不定日後我們可以來開一家公關公司？」因為所有案子，流程都

是自己做的，全都瞭若指掌。沒想到，當初的戲語成真，我日後真的開了一家公關公司。

不過，這樣勉強一力承擔地執行下來，有一回在舉辦大型記者會時，就出狀況了！

同樣地，為了證明自己的能力，在記者會上，我身兼數職，不僅當主持人、接待、還有張羅所有細節……搞得我完全分身乏術，現在回頭想，當時真的是瘋了！還記得在記者會上，有位媒體朋友特別帶了廣告公司的老闆娘，想要介紹給我認識，但是我卻因太忙了，要看這個、顧那個、要弄專訪、又要主持，又要打點吃的東西而完全忽略，導致活動後，那一位媒體朋友告訴我：「June，妳知道那天廣告公司的老闆娘非常不開心，我要介紹妳給她認識，但是妳卻沒有專注在她的身上。」這番話真的是一語驚醒夢中人，也讓我理解到專業分工的重要性，主持人就是主持人、接待就是接待，秀導就是秀導（長君補充5）……分派到什麼樣的角色，就是要在那個崗位上，不要隨便移動，千萬不要想著要身兼數職，事實上真的會無法兼顧。原本我只是想證明自己都 hold 得住，反而不如

長君補充5：秀導，Show Director，時尚服裝秀導演，模特兒動線、肢體表演演出規劃、音樂設計、剪接等；後台演出準備管理、服裝秀出場順序、指導模特兒商品展示流程等；軟硬體整合，如髮妝師、燈光音響、場佈等，皆由秀導掌控管理。

預期，造成了反效果。但也是在上過了這堂課後，在日後我的創業過程中，卻相當有助益，我會避開這樣的情況，讓術業有專攻，每人各司其職。

長君小叮嚀

1. 行前的準備功課，是為了活動當天最完美的演出。
2. 語言是幫助你走上國際舞台的工具之一，但不要只會說好英文，有專業實力才是最重要的，有了專業能力，再加上語言來將你的理念清楚的傳達。就像是即時口譯員、翻譯人員除了有外語能力外，還必須有相關領域的專業，才能正確傳達二方的語意。
3. 不要介意接觸到不同領域與產業，就算不是你未來要走的路，但是多接觸多學，人生總有運用到的時候。

Chapter 2

準備好了，創業是水到渠成的事！

1 你真的準備好要創業了嗎？

不管是創業或是選擇待在企業，千萬都不能短視近利！踏實累積，才有日後成長的養分！

對於創業，我相信很多人都有一些憧憬，也有不少想法，甚至會思考，究竟哪個人生階段最適合創業？是剛畢業後？還是在職場上磨練了個十年、十五年……或是得等到我們有了比較多經驗和資源後？創業其實很難有一個每個人都能套用上的教戰守則，但是它卻有一些不變的準則。

回到我自己的故事。很多人都很好奇我的創業，是在什麼樣的起心動念下發生，尤其是知道我在二十七歲就大膽創業時，常常以一種不可思議，或是驚呼的表情或口吻說，「June，妳這麼早就創業？不怕賭這麼大，會失敗嗎？」

早在十六年前，台灣公關產業還在萌芽階段，我便在上海和台灣創辦了STARFiSH星予國際創意有限公司。還記得在二月份，我決定創業，短短三個月的時間就成立公司，非常幸運地，在同年年底就賺到人生的第一桶金。

當然，這與我是獅子座「衝、衝、衝」的個性脫不了關係，這過程的幸運也無庸置疑，很多結果，甚至可以說是我在每一份工作歷程上，廣結善緣所成就出來的，不過，善緣的前提是有條件論的，就像創業並非是僅靠幸運就可以完成。許多人迫不及待想要創業，這當然是件好事。但現實中可能是危險的，我想提醒大家冷靜、有耐心並仔細去思考：「你，真的準備好了嗎？」

✧ 在過往職涯中踏實前進，將是未來創業的養份

最近，我有一位三十歲的女性朋友踏上創業之路，在創業之前，她也曾在知名外商歷練過不短的時間。二〇一六年，她生下寶貝女兒，卻發現剛出生的嬰兒很難被辨別出是男寶寶還是女寶寶？曾是華裔小姐的她，於是靈機一動，做了一個手工蝴蝶結讓女兒配戴，這樣外出時，路人或是朋友就能很容易辨別出女兒的性別，沒想到這樣的想法獲

得身邊朋友的認同，紛紛向她打探起製作手工蝴蝶結的需求，而後，她決定與一位在英國專業縫紉髮飾的媽咪合作，懷著給寶貝們最好的堅持，不斷尋找質感最優、布料最美的緞帶，堅持用滿滿的愛，全手工打造給寶貝最好的頭飾。

看看她的工作經歷，雖然才三十歲，但她卻是很踏實在規劃她的職涯，從她的經歷，就能嗅出創業未來能成功的因子，這其中其實很大的一個關鍵，在於她是很踏實地在前進。

創業，需要一個商業模式、也需要一個財務模式，更需要一個能夠專業分工的團隊、不同業界之間的人脈等等，在大多數正常情況下，上述這些基本條件，沒有工作個幾年，是絕對沒辦法做到的，真實世界的經驗累積才是能否創業成功的先決條件。

不要短視近利，也別輕忽時間成本

現在的社會，價值觀與以往大不相同，早期能夠出國深造的人，多會懷著：「回到台灣後，我要對社會有所貢獻」的想法，現在卻有很多是鼓吹出國打工，我沒有反對Working Holiday（打工度假）的想法，其實不管是以前的苦讀留洋，還是現在的打工度假，重點在於：「你出去了以後，學到了什麼？」儘管時代在變，職涯這條路，仍是漫長的。你學到什麼？你未來想要變成什麼？皆是息息相關。

不過，現在的社會存在著很多的誘因，會讓人只著重眼前的「利」，許多年輕人會想：「我去個一年、兩年，可以存到一些錢，有了這些錢，回來後就可完成我的夢想。」但你所沒有考慮到的是，這一兩年當中，選擇待在台灣的人，也許就累積出經驗，還很可能會倍數升級，變成一個主管，薪水跳了好幾級！也許你的起步稍微賺得比較多一點點，但你中間離開，再回來，也是要從頭再來，相較於其它起步慢的人，你要倍數成長、急起直追，那時候你的年齡優勢也許已經不再，更大的可能是跟你同時期的朋友，已經變成主管，職位不斷在往上攀升，經驗也是一直累積上去加分的。

人生很長，花個一、兩年時間去獲得新體驗，藉由在海外工作的旅途經歷，重新審視未來的人生方向，或者是開拓了視野，在心態上有了全新的體會，也對其日後的發展與生涯規劃帶來很大的啟發。

對企業來說，增廣見聞、學習獨立大多是個人主觀感受，未必能直接應用在工作上，**真正讓企業重視的，反而是選擇打工度假的動機、從中展現的個人特質，能否符合未來工作需要**；好比說，很多人在海外所從事的工作多是重複性高的勞力工作，但若能從中學習，瞭解這些國家的管理模式與生產線運作方式，其實就會變成是非常棒的學習！到國外磨練也不是件不好的事，在海外歷練一番後，才會更珍惜在台灣所擁有的工作與資源，變得更加努力。

對企業來說，通常要花兩到三年時間，才能培養出新人獨當一面的戰力，許多因打工度假提出離職的員工，正好處在企業覺得他開始成熟的時期，一旦決定中斷這個過程，要考慮背後隱藏的機會成本。

特別提醒！打工度假要付出的不只是機票、旅費等有形成本，還包括這段時間如果繼續在職場，可以獲得的薪水、年資、工作經驗、升遷機會等，而大部份的打工度假的經驗與日後工作往往難以相關，要直接銜接並不容易，換句話說，千萬別忽視時間成本，打工度假不是不可以，但要把它變成未來職涯加分的項目。真正能讓企業重視的，其實是打工度假期間帶來價值觀的改變。

職場的每一步都必須是紮紮實實的累積，千萬不要想一步登天，因為短期或許還看不太出來差異性，但四十、五十歲之後，所呈現出來的經歷與處事方式，會有很大落差，因此千萬不能短視近利！

✧ 其實，創業是一種水到渠成的結果

再來，就是堅信你自己的理念，不要輕言放棄。

此外還有一個建議，就是閒暇時，不妨認真研究台灣的歷史與優勢。許多人會認為台灣不過是一個彈丸之地，只是一個小小的島嶼，但我卻認為即便在台灣，也是有能力做全世界的生意！台灣就是一個可以連結世界的平台，從這裡出發，整合資源及人脈，去開拓你的眼界。

在年輕的時候，我很幸運能創業成功，即便到今天，一路走來，還是常常發現還有好多的事情可以學習、好多的空間能夠成長；更重要的是，這一路上，我是踏踏實實的，所以在看到如今社會，很多成功是速成的情況下，更想分享我在工作上的經驗、為人處事，以及生活上的經驗。

我也非常鼓勵大家投入創業，特別是當你準備好的時候，創業是一種水到渠成的結果，確定這是自己想要的，清楚思考、研究過該如何成功後再進入、累積幾年工作經驗，掌握了更多的人脈和資源。畢竟，創業一點都不浪漫，它需要廣泛研究、規劃、投入無限的熱情和資源，更不用說，你還得花上人生中最精華的時間來經營。

長君小叮嚀

1. 感恩每個正面或是負面的人際挑戰，都是讓你成長學習的一課。
2. 未來你想要過什麼生活，現在就起身準備，累積經歷，夢想有天就會成真。

2 職涯的歷練是不可或缺的磨練

要成功創業，一定要按照自己的特質發揮，走最適合自己的道路，同時還必須培養必要的創業能力。

常常有人說「個性決定一切。」套用在我身上，真的是再適切也不過。

在業界，從公關產業跳進化妝品產業的例子屢見不鮮，化妝品產業其實偏好聘用有公關公司背景出身的人才，不過卻也因為化妝品產業的工作壓力大、節奏快，致使流動率很高，永遠都處在缺人的情況，所以大部份的人所選擇的職涯路徑會變成：先進公關產業，再到化妝品，最後再跳到高端時尚。而我的路卻是倒著走。我喜歡接受職場挑戰不可能的任務，當任務達成時，自己感覺有高度的成就感。

因個性走上創業之路

從 L'Oreal 離職，到開始創業，雖然說這是一個自然而然發生的結果，但是，其實這個選擇是順著我的個性而發生，我就是喜歡挑戰，加上在創業後，沒想到竟然為自己真的開創了一個意想不到、甚至更大的發展舞台，就符合了「創業的人解決問題的同時，也為自己創造機會。」這句話。

很多人都想創業，但很殘酷的事實是，只有少數人是天生的創業家。儘管我認識一些創業者，這輩子沒有打過一天工就創了業，但是這種人真的非常少，大多數能夠這樣的人，因為他們在大學時，就已經知道自己想要的，就開始和別人一起創業了。所以，創業其實是自然而然發生，也是天時地利人和的水到渠成，不是你今天想著「我要創業」，想著、想著就可以馬上弄得出結果的。

而我在離開 L'Oreal 後，其實並沒有創業的打算，反而是先去上海找當時的男友，也就是現在的先生，準備要論及婚嫁。沒想到，那一年剛好遇到 SARS 疫情爆發，我就留在台灣，沒有馬上過去上海。SARS 那年三月份接到前老闆發給我的 Hermès 香水上市發表會的案子，開啟了我第一個專案企劃與執行，同年年底，我還接到時尚盛地創辦者——夜店教父蘇誠修先生的案子。蘇先生的*inhouse，大家耳熟能詳之外，他也是菱悅酒店集團 inhouse Hotel 的總設計師，從早年的現代啟示錄、上海茶館、喜瑞飯店、舞衣新宿、信義區的 Home hotel，到 S hotel 的統籌開辦……實在是不勝枚舉，加上當今永康街代表的網紅所在 Angel Cafe 和台中耗資七億五仟萬籌建的頂級菱樂酒店五權館，也全是他的作品，而他源源不斷的驚人設計創意，也為台灣餐飲與飯店設計空間不斷寫下傳奇。

沒想到，自己第一次與他見面，蘇先生劈頭就說：「妳懂什麼是*inhouse嗎？」受了這句話的刺激，我從*inhouse早上十一點開門就去報到，從午餐、下午茶、晚餐、一直待到九點之後的 lounge bar，等於是全天候駐點在那，隨著夜幕低垂，又變成不同族群的客人聚集，一直到半夜兩三點鐘打烊，我才收工回家。

隔一天，我就將自己駐點觀察的心得整理成報告，直接去找蘇先生：「蘇先生，我跟你說*inhouse是怎麼樣的，據我的觀察，早上十一點開門，來的大多是鄰近的上班族、下午茶的客層又是……晚上的客層則是……」在聽到我一連串仔細的客層分析報告後，他便把案子給我了。

一開始我常常加班趕案子，蘇先生有一回還十分好奇地詢問我：「June，妳都不用睡覺嗎？」這是因為我的e-mail常常是半夜寄出，好讓他隔天一上班就能收到我的回信。還記得有一次，在深夜他急需要一些資料，我也做到即時回覆。還有次是要跟他提案，我們約在晚上，我就一手拎著提案，伴著*inhouse動滋動滋的音樂節奏，在吵雜的環境下，秀給他看電腦裡的企劃，蘇先生快速瞄了一眼，只問我：「價格多少？」案子立刻就ok了，而那一個案子迄今我仍記憶猶新，因為它的金額竟是我當初在品牌時一年的公關預算！

知道我離開L'Oreal，以前曾服務過的老闆們皆熱心地幫我介紹案子，各方朋友以及媒體朋友們也陸續推薦案件；一開始，在未成立公司前，我是透過大弟的公司開發票，直到有一天，大弟突然對我說：「姊，其實妳該自己開公司了！」因我的案量及金額，已足夠成為一個公司的規模，於是，一切彷若水到渠成，我就這樣開了公司，雖說心中仍有個計畫藍圖，卻是半點也沒有強求，甚至過程中，沒有太多無畏的擔心、害怕或恐懼，就這麼一路憑著一股熱情，傻傻地做下去，也許是個性使然，我做事情就是勇往直前！

✧ 所有經歷的一切都是磨練

最初，我是自己一個人獨自創業，開一間小小的公司，在先生加入後，由於他在美國成長的背景，以及在美國求學及工作的經驗，紐約大學MBA畢業後，也被美國公司從紐約派任到上海，豐富的產業知識及中西文化背景，給予了我很多創業的策略及方向。一開始很多，像是跑車、鐘錶等等的國際客戶，都是交由先生負責，雖說我待過不少外商，但是說實在的，一開始對於要獨立從事國外事業還是沒有太多的把握與信心，但是隨著公司規模漸漸成長，我知道不能再完全把重擔壓在他身上，於是我便把心一橫，拋去內心那些小聲音，克服對不熟悉事物的恐懼，漸漸地，公司跨出台灣，做起國際的事業。

二〇一七年開始，公司成員開始有來自德國、波蘭、馬來西亞的實習夥伴，最早來的德國及波蘭同事還會講一些中文，現在報到的英國籍夥伴，儘管看起來像亞洲人，卻是全英文溝通，完全不會講中文。為了塑造國際化的環境，我會徵求來自海外實習的同事，目的是要讓台灣的同事們習慣國際多元文化的溝通，其實也是為了強迫台灣的同事非得聽懂及使用英文不可！

以前在外商公司，因為常出國開會，其中一項重要的訓練便是可以分辨來自不同國家、甚至各種腔調的英文，為了做國際的生意，也為了讓公司成長，因自己的員工沒有受過這一種語言上的訓練，於是，我便費心創造一個雙語工作的環境。

一個公司最具價值的核心無非就是人和團隊，我認為全公司的員工都得一起提升不可，這就是我的重要投資。然而，有前瞻思維的員工會覺得老闆很用心，同時也會有員工覺得很痛苦，怎麼上班都得要講英文……

透過這樣的國際實習交流方式，也是國民外交的一種方式。就像我們後來在陸續面試英國夥伴的過程，才猛然發現其實有不少英國人竟然沒到過亞洲，而我們這一位來自英國曼徹斯特大學的實習生，曾去過上海實習的他，對台灣非常好奇，因此自願選擇到台灣實習，也會將在我們公司實習的經驗寫在大學報告之中，以滿足英國同學們的好奇心。

回首來時路，我發現不管是被人聘用，或是創業，其實所有的一切都是一種磨練，就連語言都不是什麼太大的障礙，只要能夠體會到所有的一切都是經歷。也因為這樣，我在「你真的準備好要創業了嗎？」的篇章，才會強調，我其實不建議大家在沒有任何工作經驗就冒然創業，反而應該先學會拓展自己的人脈，甚至要不斷的進修，才是紮穩馬步的最好方式。

或者是說，如果你能一直把創業這件事情放在心上，有一天它就會發酵，然後等到一個時機，你就會自然而然地創業，千萬不要為了創業而創業。就像我的歷程，公關產業，甚至是高端精品、時尚圈、化妝品的競爭變化其實很快，我對這一行的歷練，卻是從很基層做起，而在我離開了L'Oreal後，對的時機就應運而生。

長君小叮嚀

1. 創業者需要培養必要的創業能力，如財務、行銷、業務、經營管理等等。
2. 創業時需要有強心臟，與超強抗壓力來應付未知的突發狀況，如此應變成功，才能長久經營下去。
3. 時勢造英雄，是你的跑不掉，生意是否能成功，天時地利人和，缺一不可。

3 小事反而是最重要的事

計劃趕不上變化，儲備實力有多麼重要，當哪一天機會降臨在自己身上的時候，才有能力去應付和作戰。

在我剛剛出來創業時，常常會遇到朋友好奇問我，「June，妳都已經拿到外商公司的入場券，為什麼不選擇好好地在外商公司一路作下去，成為一個專業的高階經理人？」

這就回到我之前所說，全是「個性」決定一切。

創業家跟專業經理人並不是非黑即白的選項，很多創業家，在經營公司的時候，學到了更多的管理知識、財務知識，因此自己同時也變成非常專業的經理人，所以，我不斷強調創業是自然而然發生的結果，也是因為如此。

✧不放過任何一個機會，不斷地學習與經驗累積

STARFiSH 星予成立到今年二〇一九是第十七年，一如所有的新創企業，創業的頭兩三年常常是最關鍵的轉捩點，若沒有具備一定的經歷，過程沒有穩紮穩打，是無法去因應變化萬千的市場狀況的，特別是這一、兩年，台灣與全球整體環境並非十分景氣，假如沒有過往的累積及足夠的實力，便很容易會被突如其來的挑戰所擊倒。

回頭看我的創業歷程，雖然看似十分順遂，這一切卻是之前不斷努力所累積而成的成果，也因我不論什麼工作內容都接觸過，商品採購我做過、教育訓練也做過、媒體廣告採購、財務會計、廣告設計……可以說是老闆交代什麼，我就是接下、認真執行，過程中的點點滴滴都是寶貴經驗。正因為深知「魔鬼就在細節裡」，後來做了公關，我不僅要求自己要將活動辦得盡善盡美，更要求自己要跨越傳統、制式的工作範圍。

我曾經遇過一位對公關操作不太熟悉的品牌經理人，記者會辦得非常成功，後續報導也非常多，但在消費者購買產品時卻面臨商品未到通路上，只因為運送時間估計錯誤。那時我心想非常可惜品牌無法衝上高銷售業績，因為消費者通常只會給你一次機會！之後，只要遇到新品牌，我一定會在溝通活動流程時，一併幫忙確認：「新品何時

上架？商品數量多少？」全方位確認客戶各部門都準備好，方可對外宣傳推廣新品。

很多公關公司在訓練員工時，通常只會給名單，直接請新人負責打電話聯繫媒體，沒有受過專業訓練的新人，不僅不懂箇中技巧，還會造成記者們的困擾。因此，凡是新人來報到，一定要先接受我們公司的基礎公關教育訓練，會先從訓練他們的口條開始，讓他們逐一演練，待通過我們的測試後，並開始累積一些在我們公司的工作經驗才能去打電話、去做R.S.V.P（長君補充6）的邀請回覆，會如此慎重的原因是我認為公關公司對外的專業形象很重要，不管是事情多大多小，所有的行為都代表了公司與客戶的形象。

我在美國塞班島與博華皇宮、電影協會、與各方國際單位等合作，負責規劃統籌國際電影節開幕五百人晚宴與閉幕八百人的晚宴、指導當地團隊執行接待以及紅地毯與頒獎典禮的主持，並協助安排國際媒體採訪等。在團隊裡，我碰到一位來自黑龍江、年紀約莫三十歲的一位年輕男生；這個男生跟我分享了他的打拼故事：為了實現夢想，他努力工作，自開始工作以來，不僅從沒有請過假，也沒有休過假，更有二年沒有回鄉探望過父母……這些辛苦讓他開始倦勤，很想返鄉生活。

聽完他的故事，我鼓勵他：「這些年對你來說，並不是在打雜、跑龍套，能夠接觸到博華皇宮這麼大的案子，並不是一般人能夠輕易得到的經驗，這個難能可貴的經驗你學到了，是跟著你一輩子的，你的眼界、經驗也不是一般人可以獲得的，更重要的是，有老闆肯花錢讓你獲得這樣的學習機會更是難得。」聽完我的話，他突然覺得恢復了活力，對自己有了自信，想要在原本的崗位繼續衝刺、打拚。

不管是創業或是當個專業經理人，永遠與「人」息息相關

回到最前面的問題：「究竟該不該創業？」

倘若你能夠找到一個很好的工作環境，薪水、老闆等等各方面條件都很好，特別是能夠受到老闆肯定，我會建議你好好把握，畢竟，這種老闆並不好找。換句話說，若你自己沒有辦法當第一，不妨可以考慮當他的第二，也就是當他的左右手輔佐他，他若是

長君補充6：RSVP是法文"r pondez s'il vous plait"的縮寫，意思是：請回應（please respond）。在邀請函（invitation）中時常看到RSVP，意思是「請回覆」。主人為了計算參加人數，以準備適當份量的酒水等等，這時在邀請函上就會註明RSVP，為了不讓主人感到困擾，以後看到RSVP時記得盡快回覆參加與否吧！

一個不吝嗇的老闆，當他飛黃騰達時，也絕對少不了你的一份。

很多人在選擇工作時，所考慮的通常會是大品牌、大公司，我反而建議老闆也是考量條件，特別是你若幸運，能夠遇到一位人格、人品都很好的老闆，跟著他拚事業，成為一位專業經理人，也是不輸創業的好選擇。

以我的二弟為例，他是*inhouse 創辦人蘇誠修先生得力的左右手，在做出成績後，也有不少人想要挖角他，但他堅持協助蘇先生，並成為他得力的左右手。蘇先生有了我二弟多年來的支持下，不僅將事業版圖從餐飲轉到飯店，兩人也開創了更多攜手合作的商業機會。

很多人進入企業，最常見的路徑就是一路升遷變成專業經理人，但無論是要像我這樣選擇自己出來創業，還是要一直在職場裡升遷，永遠都和「人」脫離不了關係，就像我的二弟，他雖沒有自己出來創業，但是他跟到一位好老闆，就跟著也擴展了自己的事業版圖。因此不管是創業，還是在公司，只要你擁有的人際關係是活絡的，都會有機會，讓你能夠選擇出一條好的路，唯一的重點只在於，這個過程裡，你究竟有沒有堅持與累積？如果你既不堅持又不累積，其實不管你選擇哪一條路，都有可能是走不通的。

我有一位朋友，他的父親是職業軍人，軍職退休後就到處去打工，後來他找到了一家做壁紙的公司，一開始他只是幫壁紙老闆工作，沒想到，有一天老闆打算要退休，朋友父親就把這份事業順勢接下來，還發揚光大，做起國際的事業。換個角度想，倘若之前他沒有一路跟著這個老闆，這位老闆退休後把公司交付給他經營的機率會高嗎？

天下沒有不勞而獲的事，想收割就要努力

許多人對於富二代的觀感，多半是：「真好，他們不用工作，也不用太努力，就已贏在起跑點。」然而，正因我的工作讓我有不少機會接觸富二代千金、少爺，我所看到的事實是——的確，他們已經贏在起跑點，他們其實是有條件不用再努力、再奮鬥，但是，顯少人知道的是，倘若他們比你更加努力、更加奮鬥，又做得更好，你已經沒有像他們這樣的背景，卻還不努力，卻夢想和他們過一樣的生活，那是絕對不可能的，因為天下真的沒有不勞而獲的事情。

我是外省第三代，並非含著金湯匙出身，然而我的個性、態度，我總是會勇於爭取機會，也因為出社會得早，社會經驗累積的也多，在事業步上軌道後，現在才有餘裕，好好規劃自己的興趣與生活。

創業也許不是我唯一的選項，但是，在它自然發生後，我也勇於面對接踵而來的挑戰。

有時候，機會來到眼前，只在於一念之間，接或不接？

長君小叮嚀

1. 能當創業家的左右手與幕僚團隊，也是絕佳選擇。
2. 知識與經驗能改變你的生活，坐而言不如起而行，為自己開創未來。

4. 我真的做到了！Based in 台灣，做世界的生意！

建立自己宏觀的國際視野，讓眼界與想法與眾不同。

二〇一八年六月，我有幸獲得英國 UNBLOCK 雜誌的邀請，成為台灣代表，與來自英國、南非、義大利、大陸等各地的社群媒體上極具影響力的意見領袖成團，一起遊覽歐洲的城市美景，也開啟一些未來的商業合作機會。

之所以能成為台灣的代表，非常感謝該雜誌社的創辦人 Linda 的推薦，最初對團員的設定，除了在網路或社群媒體上有一定聲量外，他們還想找各國的一些成功女性典範，於是，很幸運地，我雀屏中選，成為其中一員。

在這一次的行程當中，我體驗到很多東西，整個過程有點類似實境秀的方式，藉由一群來自世界各地不同文化的人，透過五天的體驗行程，看能夠激盪出什麼樣意想不到的火花！

✧ 歐美部落客的 Instagram 行銷術，顛覆 Social Media 的運用

而出乎意料之外，雖然我們都是來自不同的文化背景，像是有一位團員是英國的年輕女演員，才二十四歲的她，其實戲齡很長，因為她從童年時代就開始演戲。而來自大陸四川的男生，則是政二代，除了有中華文化背景外，由於曾在美國、英國留學，又受到西方文化的影響，可說是東西文化交融的見證。至於來自南非的團員，除了心理醫師的背景之外，他另一個身份是 Harrods The Wellness Clinic 的專家，而我就是立足台灣，發展海外市場的亞洲公關代表，但也許頻率對了，團員彼此間不僅非常地合拍，相處非常非常地融洽，從他們身上我也學習到了不少。

舉例來說，歐美超夯的時尚部落客，將部落客行銷當成國際行銷的重要利器；對他

們來說，經營 Instagram 是工作的一部分，經營個人品牌的同時，也會與不同品牌合作，利用數千或數百萬的追蹤者帶入龐大的商機，也因此，許多人會利用 Instagram 拚命放上照片，希望增加曝光率及吸引力。

不過，我們的一位團員，是一位很有名的 youtuber，他分享 Instagram 或是部落格只是你的一個 Profile（個人介紹），無需發佈上你的所有吃喝玩樂，反而要清楚區分 Instagram 與其他平台的用途，創辦 Instagram 帳號就是在建立品牌，圖片要有自己的品味、文字也要有自身觀點，在大頭照及個人簡介上，都要能明確傳達出個人品牌的特色。

此外，Instagram 的介面就像一道作品牆，直接揭露出作者的攝影風格，所以每篇貼文除了照片必須夠清晰外，色調與觀感也要盡量一致，簡單地說，就是要放上最好看的照片，精心設計的圖片才能吸引眼球，更給予追蹤者視覺上的感動，當品牌形象建立後，自然能夠吸住粉絲的眼球，辨識度越高，追蹤人數也會跟著上升。

這些分享真的是一語驚醒我，我之前都是亂 Post 一堆東西，只要想到就立馬發文，忘了 Instagram 的初衷，是為了分享與其他人不同的層面，同時得保持照片品質，有時還要常常檢視自己貼文的照片，刪掉一些與自己風格不符的照片，其實有點像是讓人家讀懂你是誰就好了。

至於自己平常比較隨性、有趣的照片，建議把它們放在 Instagram live story 裡面。換句話說，如果你有太多照片放在 Instagram，其實是會變相削弱大家專注在你想分享的東西的能力，而確定品牌特色，更是能夠幫助想要找你做活動的客戶理解你是什麼樣的人。

這樣的概念，在歐美非常盛行，但在台灣，才剛剛開始，已經晚了歐美一段時間。而除了 Social Media 的操作之外，更令人驚訝的發現，則是在當前的歐美，紙本媒體並未式微，反而是重要的宣傳品，這也是歐美紙本雜誌能夠不斷推陳出新的原因。

職涯能走得踏實，還是要回到本業與專業

進一步剖析為什麼歐美會看重紙本，主要是因為他們認為紙本可以留存下來，不管是經過百年、千年，永遠還是在那裡；可是，某些社群媒體很有可能會不見，更可能會因為被併購而消失。

我有一位朋友，早期她是做造型出身，所以她的 Instagram 照片都十分漂亮、吸引人，雖然她的粉絲人數才七千多，但是相當有型的她，卻不在意粉絲數的多寡，畢竟以

她的能力，要號召很多粉絲或是去「購買」很多粉絲都不是難事，但這些不是她想要的，更甚者，這些也未能為她帶來可觀的商機。有很多網紅，其實是砸了不少錢，聘請專業的攝影團隊跟拍，希望能接到國際的生意，但是這些投資是否能夠回收呢？其實大部份都是石沉大海。

從這一次的國際交流，我學習到不少，也更堅定了 STARFiSH 星予國際也必須開拓國際市場的企圖與決心。

不過，要做國際事業並非想像的那麼容易，能夠一直走得長久的，其實還是得回到自己的本質及深耕本業的專業性，雖然可以看到不少部落客創造了新穎的話題，但多半最後會變成曇花一現，這也是我想要和台灣，以及所有的年輕人分享的。**這麼多人想要成功、想要擁有舞台，就算是靠社群媒體竄紅，但最後建議還是回到本質的專業，才能讓自己的職涯走得踏實、走得長久。**

最近，我在做弘光科技大學的課程規劃，在內容宣傳上，以「活到老學到老」、「不分年齡」為發想主軸，而這個靈感其實是受到 UNIQLO 最近拍攝的一個廣告啟發。

UNIQLO 特別找了美國滑板傳奇之一的湯米古列羅（Tommy Guerrero）合作了最經典的 UT 聯名系列商品。事實上，才華洋溢的湯米，不但是位專業的職業滑板選手，同時也是一位音樂人，更是許多公司的創辦人，更重要的是，熱情洋溢的他，已是五十一歲的熟齡者，這讓我更加認為，年齡始終不是問題，你想要做什麼的職業或行業，只要有興趣，就有能力及機會把它做得長久，時間久了，你就會變成這方面的達人！

有能力回饋，也能創造出國際觀視野

因此，STARFiSH 星予國際自創立初始，我們便一直努力創新、朝多元化及國際化方向經營，多年來也在業界備受肯定，成為同行裡最好、最棒、最頂尖的公司，也讓我完成「立基台灣、做國際生意」的夢想，甚至到現在，STARFiSH 星予國際不單單只是公關服務業，還成為了業界領導品牌，有能力積極贊助與協辦馬術、賽車、MMA綜合格鬥等等國際體育活動。以法國利曼二十四小時耐力賽為例，這個自一九二三年於法國利曼開辦的「24小時利曼（Le Mans）大賽」，可說是全世界的賽車耐久賽中歷史最悠久的賽事，同時也被譽為最負盛名的汽車賽事之一，不過，亞洲冠軍 aai 車隊只有 STARFiSH 星予一家公關公司參與，並連續參加三年，現在更成了該賽事車隊的贊助商與合作夥伴。我覺得這些都是在自己有能力後可以回饋給予社會的事情，同時也會讓我們更有國際觀的視野。

在工作的過程當中一定會遇上很多合作夥伴、同事、朋友以及很優秀的前輩，請記得，無論在生活當中或職場上都不要樹立敵人，抱持著廣結善緣的心是非常重要的。這樣就算以後退休了，還是可以跟大家維持友好關係，而他們也都可能會是你的貴人。

另外，隨時進修、出國考察不斷提升增進自己實力是非常重要的！不出國，就算是在台灣創業也可以做到很國際化的事物，我期望能把所有這方面的經驗傳承給年輕的下一代，讓更多的年輕人能安心留在台灣、為台灣這片土地打拼。

長君小叮嚀

1. 當你有實力有能力時，不忘拉提後輩一把，讓更多的經驗傳承下去。
2. 多元化的國際交流，同時要訓練自己看人的能力，找到對的合作夥伴，才會有一加一大於二的效益。

Chapter 3

公關不只是職業，而是人生導師！

1 公關，需要超強整合及靈活應變的能力

——協助舉辦美國塞班島國際電影節

台灣人才濟濟，充滿了豐沛的創造力，要踏上國際舞台絕非艱鉅的任務，搭配積極的公關策略，再揮灑一點勇氣，相信就能達成目標。

二〇一七年十二月，某天半夜，我接到一通電話，臨危受命要在隔周飛到美國塞班島（Saipan）協助首屆塞班國際電影節的舉辦。

說起塞班國際電影節，大家可能有些陌生，其實，塞班國際電影節是由塞班電影協會、博華太平洋國際控股有限公司、深圳金薔薇影視集團有限公司聯合主辦，北馬里亞納群島聯邦旅遊局協辦。

依據塞班島的歷史特點和地域優勢，以國際A類電影節為標準打造的國際電影節，同時也是繼戛納、威尼斯電影節之後又一個新的海島電影節。作為一個年輕的電影節，

塞班國際電影節在獎項設置方面將更加注重電影的原創性，除了要為塞班旅遊休閒文化增添新的動力和活力，當然，一個更重要的原因，是要讓它從過去的戰爭島嶼印象，轉型為浪漫的電影拍攝地，以進一步提升塞班的國際知名度和影響力。

快速適應，與當地團隊協同合作

也因此，即便是臨危受命，為了這麼別具意義的事情，我更要全力以赴！於是，在接到電話的隔天，我用最快的速度組了一個團隊，包含平面攝影師、錄影師、以及我和公司的兩位同事，我們一行就五個人，從台灣飛抵塞班島，開始活動的執行作業。

第一天抵達塞班島，在完全還不了解的狀況下，就得立即和當地的團隊進行協同合作，不僅是跨領域的合作，語言也是非常大的挑戰，不光是當地的團隊成員從四面八方而來，與會貴賓也是從全球各界而來，包含了中影集團原董事長、塞班國際電影節榮譽主席楊步亭、香港電影工作者總會會長、香港電影導演總會永遠榮譽會長、塞班國際電影節主席吳思遠、北馬里亞納州副州長 Hon.Victor B.Hocog、北馬里亞納聯邦旅遊局局長 Christopher A. Concepcion、中國電影家協會前主席、中央文史館館員、塞班國際電影節聯合主席李前寬、韓國文化部前次官、釜山國際電影節創始人、塞班國際電影節聯合主席金東虎、中國電影家協會副主席、著名表演藝術家奚美娟、中國電影家協會分黨組成員、副秘書長孫崇磊、大中華區總裁馮偉、美國好萊塢著名編劇、導演、製片人Max Borenstein、著名導演馮小剛、肖桂雲、馬偉豪、汪濤、阿木、青年導演樊昊侖、美國好萊塢電影製作人演員Kimberley Kates、博納影業董事長于冬、著名導演非行、著名演員唐國強、張涵予、呂良偉、張翰、郭濤、吳剛、嶽秀清，韓國藝人潤娥、楊采鈺、鐘楚曦、吳佩慈等多國際位貴賓與明星，及活動現場逾百家中外媒體記者，陣仗十分驚人。

因此，除了要快速反應各國語言所帶來的挑戰，還有與會者的文化背景也需要用最快的速度補上，加上當地協作團隊雖然有不少人都講中文，但來自中國不同省份的人，腔調並不相同，這全都得快速適應，所以一抵達塞班，我們就馬不停蹄地開始工作，立刻要跟所有的飯店、所有的策劃及各大部門的主管們一起開會，並決議接下來所要執行的事項，很難想像，這些會議是在中文、英文，甚至還出現粵語的情況下完成的！

由於我是擔任顧問的角色，我得用最短的時間理清接下來要進行項目，於是我便統整了一下這一次塞班國際電影節所要執行的任務。我們所負責的主要有三場大型活動，第一天是五百人的晚宴，接下來則是紅地毯、典禮，及最後一晚八百人的晚宴。接下來，則由我負責帶大家實地佈置，詳細分派工作，並指示流程該如何進行，好比說，五百人的晚宴，需要擺設五十個餐桌，每一張桌子的座次安排是有講究的，哪些賓客應該坐在一起，又該如何進行接待……

還記得，我一到現場，什麼東西都沒有，仍處在百廢待興的情況，然而就當我告知當地團隊需要先把這些相關資訊準備好，以供隔天一大早開會使用，出乎我意料的是，不到十二小時的時間，現場團隊卻已經全部都列印出來，並且很完整地把座位圖等資料交付給我們，因此當我看到的時候，十分驚訝他們辦事的效率，他們幾乎是不眠不休在工作的。接下來，我帶著大家進行餐桌佈置，首先，我先拆開桌上的擺設，實際教導大家一遍該怎麼佈置，再由我帶去的兩位左右手，協助當地團隊指揮做場佈，而接待組的人也開始演練，排演如何帶位、又如何安排貴賓入座……另外還要協助場控節目，不管是台灣過去的我們，還是當地的團隊，每一個人都被分配了工作，而由我做居中的協調及溝通，在大家同心協力下，第一天活動圓滿落幕。

✧ 靈活應變，發揮公關專業

當然，三天的活動並非有足夠的時間開協調會，過程中難免會有許多料想不到的突發事件，這其實也是一個專業及有經驗的公關顧問的價值所在——得靠臨場的機靈反應、判斷得失，做出最好的應變，指揮團隊相互合作運作。

就像在紅地毯當天，主辦單位給的流程及賓客名單都一直無法確定，我採取的因應方法便是當禮車抵達，一位工作人員在紅毯最前端先行核對貴賓的身份，另外一邊則是由當地團隊的成員，一位能夠使用雙語，並會主持的哈爾濱同仁負責，所以賓客一經確認身分，再由他進行唱名，我在紅地毯的另外一端迎接，並引導媒體，因為現場將會有幾百位的明星及貴賓，我需要協助媒體辨識現在被訪的這位來賓是誰，不能只是照本宣科、照著名單唸，因為人、事都是隨時因狀況而變動的。

正因為名單是彈性變化而且隨時在更動的，要做好公關操作，更加取決你對人的敏銳度，不僅要靈敏而且即時反應也要夠快，就連每一位賓客的背景資料都得要如數家珍，事前背好、準備好，因此，我們的另一大挑戰就是要在短時間內，不斷把所有參展的人、入圍的電影等相關背景資料都熟記在腦中，一直背、一直背，就連每一位貴賓與國際明星的長相也得全部都記在腦袋裡。所以，一抓到空檔，就可以看到工作人員和我，不斷拿著手機，一直滑、一直滑，強迫自己要在短時間內熟記來賓資料、長相及他們的電影作品簡介，而這還只是賓客的部份而已……

其實，很多人對於公關的工作內容，並不是十分了解，也多半停留在辦活動、或是舉行記者會的既定印象。事實上，公關的服務內容相當廣泛，不僅技術含金量高，同時也是一個非常考驗整合能力的一項工作，特別是與國際媒體交涉是一門相當複雜的學問，且非常需要語言上的專業，除了要成功地邀請雜誌或新聞平台採訪，公關還需深入了解每家特定媒體的發佈管道、該媒體經常報導的內容類型、要為該媒體提供量身打造的素材，或提供具高度新聞價值的故事角度等，甚至和媒體的編輯或撰稿人保持良好的關係也是不可或缺的。

所以，我才常常會說，想要作好公關，除了熱情之外，還需要一點點的天份。假設今天，你沒有靈機應變的彈性與天份，那你就得花費比別人更多的熱情跟努力來彌補。

✧ 多累積多嘗試，不要怕挑戰

千萬不要認為，只要會寫新聞稿、會 R.S.V.P 媒體聯絡，或是會寫企劃案，就可以勝任公關工作，公關與「人」絕對脫離不了關係，無論是人際互動、業務、行銷等各個領域，你都要了解。這也是為什麼我很鼓勵年輕人去打工或是工作實習，在年輕尚輕、未正式踏入職場前，透過不同型態的打工，或者是任何一個打工經驗，都有可能成為未來滋養自己的養分。就像我對座位圖的敏感度及餐桌禮儀的了解，就是從學生時代在君悅飯店臨時被同學找去當服務生打工端盤子，透過國際飯店事前教育訓練與實際操作了解的。

雖然那只是短短一天的打工，但當天所學習到的知識，一直到現在我仍是記憶猶新，光是一日打工你就可以體會到做餐飲的辛勞；年輕人的打工絕對會是一個體驗、一個經驗，賺錢只是一個附加的價值，錢的多寡絕對並不是在打工經驗裡最關鍵的，除非是真的缺錢。

每一個工作，我都非常鼓勵年輕人勇敢去嘗試，就算是暑假的打工，也能從中獲得很多不同的體驗，當然，旅行也可以，無論如何，就是要勇於多方嘗試。

在塞班島才短短六天，卻要做三場大型活動，雖然是項大挑戰，但我熱愛挑戰，也喜歡新的事物，我從來沒有接過這麼緊迫的案子，不到二十四小時內就要準備就緒，因此，從下飛機開始便沒有休息地幹活，也完全沒有餘裕欣賞美麗的塞班風景，甚至回到台灣後還昏睡了一天，但是能透過這樣的國際盛事，認識許多新朋友，還是感到開心，更高興的是，國際團隊之間能夠合作無間！

台灣團隊成員不多，卻能很快發揮綜效，也很感謝當地團隊的合作與支持，在短短一天不到的時間便很快學會我教給他們的所有東西，呈現出來的結果不僅專業還超乎預期！

別怕被學習，努力讓自己變強、迎接高速競爭

當然，事後不免有同仁問起：「長君，妳這樣傾囊相授，他們全都學去了，妳之後要怎麼辦？」我不假思索地回答：「只有變得更強！變得更厲害！」

對我來說，不用怕也不用擔心別人把自己會的東西學走，這樣反而會激勵我要更加努力，提升自己，也帶領公司走出更寬的路！

現在已是全球高速競爭的環境，我想每一個人都應該有這樣的體認，台灣整體環境有些低迷，但事實上，我所看到的，台灣還是有很多很棒很優秀的媒體與人才，我們需要以更開放積極的態度，去面對、迎戰未來的高速競爭。

這一次塞班島國際電影節，很高興能與海外伙伴合作：博華皇宮、電影協會、與各方國際單位等，讓三場活動順利進行，也十分感謝我從台灣帶去的伙伴們，雖然首次塞班國際電影節的準備時間上較短，但卻已是 STARFiSH 星予國際很重要的一個里程碑。

長君小叮嚀

1. 平日鍛鍊十八般武藝，緊要關頭，臨危受命就能發揮展現實力的時刻，累積經驗的重要性。
2. 接受挑戰，面對壓力，冷靜思索從中找到方法來辦事，多練習不要慌亂緊張，才能成就大事。
3. 事前的彩排演練，非常重要，團隊合作就是要不斷的磨合，才能產生默契。

2 專業公關是品牌最好的助攻

好的公關，對品牌來說，絕對是一加一大於二；成效不彰的公關，則會呈現出一加一小於一的負面結果。在時下網紅及自媒體快速發展的市場裡，好的公關概念也會是主導成功的關鍵元素之一。

世界上有很多產業鏈，台灣在其中皆扮演了相當重要的位置，而台灣的優勢，其實就是「人才、法治及社會安定」，也就是我們身處的環境，是非常自由且舒服的。尤其在言論方面，我們很自由，可以自在地與國際接軌，吸收及取得全世界的資訊，這也是為什麼台灣企業能夠放眼國際的重要利基。

✧ 好品質，廣受國際市場肯定

在全球有很多產品，都是「From Taiwan」、「Made in Taiwan」，都非常有原發性，有些因為簽署了保密條款，或是行事低調，沒有大肆宣揚，成為所謂的「隱形冠軍」。舉例來說，無論是 Nike、Adidas、Lulu Lemon 等全球知名運動大廠，都是使用台灣研發、生產的布料。我認識一位女孩子，她的工作是仲介台灣的布料賣到海外，由於公司接很多國際的單，所以不受國內經濟或是景氣影響。而她也分享，台灣的布料之所以會受歡迎，就是因為台灣商品的品質好，就連價格也相對實惠，在國際舞台自然是有絕對優勢。

另外我曾服務過的客戶是頂級植萃保養品牌，實際上它的本業卻是做化妝品的原物料與保養研發中心，提供給很多國際知名化妝品集團，做的是全球的生意。

現在由於通訊軟體很發達，在數位科技的推波助瀾下，要真正落實立足台灣，做全世界的生意，更是容易。

像我現在去國外出差，便是透過視訊軟體，可以直接和加拿大、英國、泰國、台灣、日本，利用不同的視訊框，就可以隨時隨地同步開會討論，也實現了工作無國界、無時間性的可能。除了開會之外，我在面試一些國外的員工時，我也是會利用視訊做面對面的 Interview，就不再只是傳統用 e-mail 或是電話的方式來進行。

✧ 每一次好的助攻都會讓品牌更上層樓

不過，無論數位科技或是工具如何進步，專業公關在操作品牌活動時，品牌活動的主角無疑為品牌本身，無論是記者會、開幕式、各式的活動等等，公關活動的目的在於讓品牌提升在目標族群中的能見度，而辦好每一場活動，處理好與每個媒體間的關係，是隱藏在背後非常重要的一環。

一般大眾看到的通常是光鮮亮麗的派對現場，卻少見幕後推手的辛勞，但是公關的責任重大，在於它要負責推動著其它人的成功與前進，每一次好的助攻，都會幫助品牌更上層樓。

美妝、美髮、時尚服裝與配件，看起來好像都是同一個產業範疇，實際上它們卻是完全分屬於不同的產業。由於我曾是在全球最大的化妝品集團 L'OREAL Taiwan 台灣萊雅擔任 Lancôme 公關經理，加上有過做品牌端的經驗，沙龍圈的老闆們我也都熟識，因此當我們在操作髮品品牌時，美髮圈的大老們都會二話不說的來站台相挺；配件的話，則因之前做過 NINE WEST，也做過服裝產業，所以對這些不同屬性的產業、品牌，甚至媒體屬性都有一定的了解及認識，因此要替這些品牌助攻，跨界合作也就顯得相對容易，藉此機會，我也在此特別感謝長期以來一直支持我們的客戶、協力廠商與媒體朋友們。

最近，在朋友的引薦下，我接觸了台灣香氛的領導品牌，這個品牌過往以家用清潔商品深獲婆婆媽媽們青睞，是屬於消費品的品牌，品牌老闆十分積極地問我：「長君，妳是做時尚產業公關，我們是做消費清潔用品，就妳的專業來看，有什有什麼地方可以連結？」突然被這麼一問，我一時之間也沒有太多想法，但心中卻一直不斷想著，兩者應該有可以創意連結之處。

沒想到，某天品牌老闆打了通電話給我，告訴我，為拉攏年輕市場，傳統品牌需要轉型，將要瞄準重視居家品味的族群，希望以包裝精品化、時尚香水調，整合全系列從香氛袋、室內擴香、空間織品噴霧等產品，為消費者打造出輕奢品味的新選擇。也因為這樣的定位，新產品需要有精品的概念加持，於是，他們便想到我過往在時尚精品的操作經驗與實務。

掛上電話後，我立即為品牌寫了一個企劃提案，從零到有替品牌做發想，當時連包裝設計的資料都還沒有。也因為這樣，我十分感謝客戶對我們的信任，沒有給予太多規範去限制我們發揮創意的自由，他們在看了我們的提案後，也相當滿意。

第一場上市記者會，選擇在法國設計師 Philippe Starck 設計 S Hotel 的餐廳，剛好也是與我的另一客戶做結合，舉辦了一場「時尚香氛」上市發表會，不僅創造雙贏，彼此又剛好可以互相搭配，更重要的是，又可以在預算內將事情做好、做滿。

結果當天記者會結束後，香氛品牌的業務都說這個活動辦得很成功，讓人留下深刻印象，他們也邀請了經銷商一起參加，不少經銷商一參加完記者會就立馬下訂單，業務只要順勢補強，於是創下不錯的銷售成績。

活動結束後，品牌團隊不可思議地對我驚呼：「記者會的呈現方式真的太讓我們驚喜了！不僅耳目一新，也顛覆了我們的想像，我們從來沒有想到傳產品牌也可以那麼時尚！」從這個例子，把傳產品牌整個升級，同時也帶動銷售，再次印證，專業公關每一次好的助攻，都會幫助品牌更上層樓。

整合資源，加乘出多贏最大綜效

很多人會以為辦公關活動，當然是預算越多，辦得越炫、越大、越酷，就是越好，當然，有預算可以做出很好的質感，但也要有豐富的實務經驗，來避免各式的突發狀況發生，如果在預算有限的情況下，即便是如此，我們也得盡量把這個活動做好做滿，箇中技巧就在於如何整合資源及進行關係連結，以加乘出最大的綜效。

以上述的記者會為例，我幫他們選擇的場地是 S Hotel，因為 S Hotel 是由大師 Philippe Starck 設計的，而 Philippe Starck 的設計風格相當有個人特色，所選用的裝潢，也是價值不斐，所以為了襯托出時尚香氛的品牌新概念，我便把錢花在刀口上，選擇這個場地讓產品更加突出，同時也搭配花藝，突顯它的優雅及浪漫，甚至還讓飯店的房間擺置香氛商品做展示，進而創造出多贏的結果。

另外，在我的前一本書《超強 Social 力》裡，我便寫到 NARS 彩妝與溫慶珠的合作。為慶祝 NARS 品牌來台一周年，強強聯手合作舉辦一場盛大的時尚發表秀，以繽紛搶眼的熱帶色彩、絢麗多姿的衣衫線條，為台北時尚圈，擦出二〇〇九年春夏最迷人的璀璨火花。

那一場時尚發表秀也稱得上是超級大結合，也因為溫慶珠與總經理溫慶玉對我的信任，所以才促成了這次的合作。為了替品牌造勢，NARS 特別邀請法國非常有名的彩妝師來台，而我就牽線溫慶珠，她所設計的衣服向來具有強烈的時尚風格與美學品味，兩者攜手，上午一場美妝秀，晚上一場時尚秀，真的激盪出不一樣的驚人火花！

而也因為是兩個不同的產業，時尚及美妝的結合，因此在媒體露出上，就涵蓋了美妝版面及時尚版面，加上溫慶珠有許多的藝人朋友加持力挺，就這樣創造出不一樣的多贏結果。

所以，企業為什麼需要專業公關？品牌為什麼需要專業公關？一個好的公關是可以超越預算限制，為品牌及企業加持的，更甚者，一個好的公關其實是有能力翻轉逆境及劣勢，創造出更多價值。

長君小叮嚀

1. 做人做事要誠懇與負責，才能在信任之下，達成不可能任務的跨界合作，創造多贏的機會。
2. 不要吝惜付出、給予，也許多年後被施予者會成為你的貴人，助你一臂之力。

3 跟著巨星近距離學習
——李連杰、帥哥主廚柯提斯．史東與傑登．史密斯

在很多成功者的身上，除了能看到他們出類拔萃的氣勢，其實在待人處世方面，更能看到他們謙卑、禮貌的內斂，這是我從身邊成功人士身上所得到的重要體悟。

公關產業之所以是一份令人嚮往的工作，除了工作本身的精采經驗之外，更令人興奮的是，可以透過工作獲得與名人、媒體或意見領袖聯繫與合作的難得機會！而我也有幸透過這份工作，遇過很多具影響力及傑出的人，他們的經歷雖各有不同，但都讓我從他們身上得到不同的學習與啟發。

巨星的謙卑與敬業，令人印象深刻

有一次，香港舉辦一場慈善晚會，李連杰（Jet Li）是受邀嘉賓，由於當時我們受聘為李連杰的社群媒體及網域的公關顧問，於是我們也受邀一同前去會場，替他捕捉第一手的消息，也因為這樣的因緣際會，我便認識了這位非常謙卑又敬業的「功夫皇帝」！

一般活動或是晚宴，所有的與會者都會拿到一份流程，流程裡載明貴賓的抵達時間為晚上七點半，沒想到，李連杰早在七點前就已抵達會場，讓提前一小時抵達會場預做準備的我們嚇了一跳，心想他怎麼會這麼早就來準備！

而一到會場，李連杰立刻讓自己的助理告訴他今天晚宴有哪些與會者、他們的背景是什麼？仔細盤了一遍後，就開始努力背誦。由於他在晚宴需要與 NBA 知名球星 Stephen Curry 及 Under Armour 的創辦人 Kevin Plank 進行對談，對於他們的背景及當天的對談流程，也是一一了解。

後來在入座時，因為李連杰是男主賓，於是我們就安排他坐中間，Stephen Curry 及 Under Armour 的創辦人 Kevin Plank 就坐兩旁，沒想到，原本坐在中間的杰哥一見到 Kevin Plank 及 Stephen Curry 進入會場，立即站起來迎接他們，並把主位讓給他們倆坐，自己就坐到旁邊的位置上。

另外在這樣的場合，公關扮演了一個非常重要的角色，就是做貴賓的開場及引薦介紹，其功能就像橋樑般，不只要協助破冰，還要讓他們倍感尊重，從中穿針引線。就好像大家常看的美劇或是新聞裡，舉凡在重要場合，例如美國總統川普與北韓領導人金正恩會晤，一定會有一個中間人先做開場，簡略地介紹彼此後，兩人才會開始對談，這也是國外會相當重視公關的原因，諸如此類細節的工作，也是公關必要學習的重要課程之一。

這一次與李連杰的貼身工作經驗，時間雖然不長，卻讓我看到大牌巨星的謙卑態度及對工作的敬業，相當的令人印象深刻。

✧ 正確的標的人物，有助品牌影響力的發揮

而大家熟知的「帥哥主廚」柯堤斯．史東（Curtis Stone），行程滿檔的他，應知名單一麥芽威士忌品牌的熱情邀約，於二〇一〇年造訪台灣。當時，STARFiSH 星予很榮幸做為此次活動的公關夥伴。

曾被「倫敦餐飲指南」封為最佳年輕廚師的他，本人真的又高又帥，最重要的是，EQ超高的他一路都掛著他的招牌笑容，相當親切，體力及活力也很十分驚人！為了達到

賓主盡歡的目的，由於他來台的時間接近農曆新年元宵節，於是我們與威士忌品牌團隊便為他策劃了南門市場巡禮、學習製作中國元宵、大啖台灣傳統小吃以及台北特色景點遊覽等等，讓柯提斯大讚台灣名副其實是個擁有各種驚奇美妙寶藏的美麗寶島！親切的他，不僅相當配合活動，還與觀眾互動良好，就連所有的工作同仁都喜歡他，而由於他喜歡跳舞，特別喜愛 House、Techno 的音樂，做菜時也會放著他喜歡的音樂，讓現場氣氛 HIGH 到最高點。

由於公關的工作是要好口碑行銷，也就是影響力的運用，而這一次的活動廣受好評，每日電視整點新聞也不斷報導有關柯堤斯史東與威士忌品牌的活動訊息，以及後續超過預估值翻好幾倍的媒體曝光報導，為品牌宣傳達到最高峰，這就稱得上非常成功的公關操作，也因此讓 STARFiSH 星予在英國獲得威士忌品牌亞太區行銷公關創意冠軍的殊榮獎盃。

✧ 會成功的人從小細節就能看出端倪

儘管頂著巨星爸爸威爾・史密斯（Will Smith）的光環，星二代傑登・史密斯（Jaden

Smith）卻不當靠爸一族，二〇一七年底，十九歲的傑登發行了首張專輯，正式從「星二代」轉型成為實力派饒舌歌手，成績還頗為亮眼，而他親切有禮的態度，也是讓人非常讚賞。

二〇一三年，威爾．史密斯與當時十五歲的兒子傑登．史密斯連袂來台宣傳新電影《地球過後》（After Earth），雖然是和爸爸來為影片宣傳，其實傑登．史密斯並不讓爸爸的響亮名氣專美於前，早一步為自己的潮牌 MSFTS REP 做宣傳，讓自己的副業可以與新片一起風光登台，而台灣、日本與韓國也是他未來布局亞洲市場的首要基地。所以，為了宣傳，傑登就先去東京，東京之後再來台灣，在他人還在東京的時候，STARFiSH 星予就先在他來台前發佈了新聞稿，與各大媒體先介紹傑登「MSFTS REP」這個品牌，也先為他即將來台預做暖身。

而當初會這麼做是有其原因，因為和父親一起來宣傳電影的焦點相比，知名度不若父親的傑登自己潮牌的新聞自然就比較沒有賣點，媒體也很有可能就會忽略，不會加以報導，所以，我們就採預先發新聞稿的方式，教育媒體，也讓他們意識到這會是一個新聞賣點外，在實際操作面上，發新聞稿還刻意避開電影線，完全以時尚線為主，這樣的用意是為了區隔、避免踩線，同時也能增加曝光版面。

還記得傑登一到台灣，星期五是他的電影發表會，星期六是他的私人行程，我們就負責他私人行程的規劃，安排在國際攝影大師林炳存的攝影棚進行他的拍照跟訪問。在拍照跟訪問的時候，傑登一到現場就立刻進入狀況，不僅先用自己的手機播放自己的歌，讓自己及大家都能放鬆，融入情境。由於他是星二代，自小就很習慣面對鎂光燈，對於鏡頭，他也能立刻反應，賣力地又演又跳，就連在攝影前進行的媒體訪問，他的配合度也是一流，侃侃而談。結束上午的攝影，下午又是相當辛苦的訪談加拍照……一整天下來，他還是像勁量電池般有活力，在一旁玩滑板。在行程結束後，臨走上保姆車，他還咚的一聲從車上跳下來，跟我們所有的工作人員握手道謝，口中還不住地唸著：「Thank you, thank you.」感性地謝謝每一位工作人員。

傑登溫暖又貼心的舉動第一時間讓人覺得他的家教真好，並不會因為自己的父親是明星，就跟著耍起大牌！而且工作辛苦了一整天，也不會一看到保姆車就自顧自地跳上車，想要趕快結束走人，反而會記得感謝及慰問大家的辛勞；與大家見面的時候，也是臉上掛滿笑容，不斷和所有人打招呼！

無論是有名如李連杰，或者是年紀尚輕的傑登，從他們身上都可以看到很多致使他們今天會成功的小細節，而身為工作人員，也會覺得能夠從旁協助他們，不但值得，也是非常與有榮焉的一件事情。

分享傑登的故事，我不光只是想要強調他這位年輕人所呈現出的工作及待人處事的態度，還有一個重點在於要重視職場倫理及對各司其職的尊重。

職涯是條漫長的時間軸，而我最常和員工及年輕人分享的是，職場的每一步都必須是扎扎實實的累積，千萬不要想一步登天，同時我對員工最基本的要求是「誠實」，因為一旦撒謊，就必須用更多的謊言來掩飾，特別是公關這一行，表面炫麗，其中卻暗藏許多陷阱，也很容易讓人迷失，要時時提醒自己保持初心，尤其千萬不能短視近利，在這一行才能踏得穩、走得久！

長君小叮嚀

1. 重視職場倫理，各司其職才能把路走穩走久。
2. 謙遜謙卑必須發自內心真心誠意養成，若非如此，日久見人心，路遙知馬力，相信久而久之也會露出馬腳，貴人也會避而遠之。
3. 擁有眾多資源，或是功成名就，更要加倍謙虛有禮，真誠體會成就也來自於幕後的團隊。做人做事不要忘本。

4 你好我也好，人脈需要用真心經營

——國際時尚設計師 Angus Chiang、CHARLES & KEITH

台灣人才濟濟，充滿了豐沛的創造力，要踏上國際舞台絕非艱鉅的任務，搭配積極的公關策略，再揮灑一點勇氣，相信就能達成目標。

我很幸運，從創業開始，很多的案子都是經由朋友介紹的，一個案子順利完成後，朋友之間也往往會口碑相傳，漸漸地，案源就跟著越拓越多，像是 CHARLES & KEITH 來台設點，首家品牌專賣店進駐微風廣場的案子，也是經由朋友推薦，而 STARFiSH 星予很榮幸，在多家公關公司中脫穎而出。

網路上代購量最多的東南亞時尚品牌要屬 CHARLES & KEITH，被台灣人稱為小CK的新加坡國民品牌 CHARLES & KEITH，是不少人到新加坡旅遊必入手的品牌，也一直擁有居高不下的人氣與買氣，所以當新加坡總公司來台灣設立據點，就引起不少話題，也因為台灣是很重要的市場，新加坡總公司也非常慎重。為了開幕派對造勢，同時也與品牌的精神有所呼應，我們透過商業與藝術結合的發想，介紹了兩位台灣的藝術家與品牌做藝術的連結。

合作要共好，才能合力把事做到好

第一位是台灣服裝設計師江奕勳 Angus Chiang，二〇一七年他從九十個國家、一千兩百組設計師中突破重圍，入圍法國精品集團 LVMH 所舉辦的新生代時尚設計師大獎全球前二十強設計師，二十六歲就已登上「殿堂級」時尚聖地，同名品牌 ANGUS CHIANG 連續好幾季在巴黎時尚周辦秀，與LV等大牌精品爭妍。

不過，很多人不曉得的是 Angus 是我的第一位特助，也是我在學學文創教課時的學生，我本來就很欣賞這位年輕人及他的才華，所以在推薦時，就毫不猶豫選擇了他，我認為他的專業可以讓這個專案更加地成功。於是，我先請 Angus 協助替我們設計二套服裝，由符合我們開店造勢前主題宣傳的模特兒，穿著 Angus 幫我們精心設計的，專屬 CHARLES & KEITH 的時尚服裝，前往送禮給媒體記者，並再請他與第二位參與此次活動的台灣塗鴉藝術家林軒毅 COLASA，兩個人共同合作設計立體邀請函以及在開幕活動當天現場打造獨樹一幟的創作包款與展覽藝術道具作品。

COLASA 是台灣知名的塗鴉藝術家，他的塗鴉作品全球知名，多次到大陸、澳洲等地參展，香奈兒（Chanel）重新開幕的麗晶精品旗艦店的開幕派對就有邀請他。而我是在公司曾支持贊助的一場塗鴉攝影展覽活動中認識他，從此之後，彼此間合作不僅有默契，個性很好配合，大家合作都蠻愉快的。

其實，我覺得合作要愉快的一個重點就是要「你挺我、我挺你」，然後能滿足彼此所需，並且大家都有合理的利潤收入，這樣不僅大家有共識，也會願意合力把一件事情做得更好。

資歷深、關係夠，明星名人傾力相挺

而除了找這兩位台灣的藝術家合作外，我們還為 CHARLES & KEITH 邀請明星助陣，壯大聲勢。於是，開幕派對現場眾星雲集，徐若瑄、安以軒、林嘉綺、白歆惠、李毓芬、莫允雯等明星都到場，現場星光熠熠，明星、名人及新一代藝術家，共同打造出獨一無二視覺藝術時尚夜晚。此外，當天出席的明星們也配戴著由 Angus 及 COLASA 兩人獨家創作的各式包款出席開幕派對，而 YELLOW LEMON 主廚 Andrea Bonaffini 則以他超炫的分子料理廚藝，為來賓製作特別餐飲藝術畫。

當然，能洋洋灑灑開出這一排夢幻名單，憑藉的是我多年在產業所累積的人脈。和一些很大咖的明星敲合作，我通常會直接先問本人：「你現在在哪裡？有沒有多餘的時間可以接這個活動？」或者，就是直接和他們的經紀人連絡，其實不少大牌的藝人，他們的經紀人都是產業裡非常資深的前輩，也都非常專業，我們合作起來相當愉快，也十分放心。

因此，在這場活動星光雲集，我十分感謝大家的情義相挺，尤其是在大家這麼忙、這麼緊湊的行程裡，大家還願意撥出時間從國外，不管是從新加坡飛來的徐若瑄、還是香港來的白歆惠，甚至是從義大利飛回台灣的安以軒，全都熱情地共襄盛舉，更感人的是，平常明星總會帶點距離感，讓人覺得遙不可及，但那天都沒有這樣的情況發生，他們不單只是出席拍照，還願意久待店內與賓客們互動，並和大家 Enjoy the party 直到活動結束，還穿梭其中和客人聊天，正因為大家的支持及投入，這場活動可說是相當成功，大家都玩得很盡興。

突發創意，激發新體驗

其實，在開幕活動之前，CHARLES & KEITH 還接受了我們的一個突發奇想的提議與挑戰。還記得當時，我靈機一動，對他們大膽丟出了一個想法，「我們可不可以帶台灣的媒體直擊 CHARLES & KEITH 的總部，做第一手的現場報導？」沒想到，他們欣然接受，還回覆我，「那你們將是我們第一個接受的海外媒體，在新加坡，甚至沒有任何媒體進過 CHARLES & KEITH 的總部！」

這真是天大的殊榮，我便邀請幾位台灣的媒體飛去新加坡，突擊 CHARLES & KEITH 的總部，甚至直搗 CHARLES & KEITH 創辦人的辦公室，全公司趴趴走。透過這個採訪與直播過程，我們帶領大家深度了解新加坡的國民品牌究竟是怎麼運作地，並如何受到消費者愛戴。

CHARLES & KEITH 是由創辦人 Charles 與 Keith 於 1996 年所成立的時尚品牌，出身鞋廠家族的 Charles 希望從代工產業升級至自有品牌，所以他們也算是具有鞋廠的二代背景，他們的父母是從小小的店舖開始做起，特別的是，他們並非生產製造的公司，卻能一路變成今日的規模。

從那一次的突擊，我發現 CHARLES & KEITH 能如此成功，跟第二代有宏觀和前瞻性有關。而在回頭來看台灣，台灣其實是具有很多資源的地方，並沒有想像中的不好，也真的就是我不斷掛在嘴邊講的：「Based in 台灣，放眼全世界」，台灣的產業品質無庸置疑、價錢也非常合理，甚至台灣還有非常蓬勃地原創力，好多好多的優勢，只是台灣產業該學習的是，怎麼去創造一個品牌，並要長期有計劃的宣傳與行銷，並且不應只著眼於台灣的市場，而放眼國際市場。

多多體驗，從生活中學著找靈感

回到活動本身，有很多人好奇為什麼每一個活動，我都能想出這麼特別的點。「長君，妳那些創意跟靈感是從何而來的？」

答案其實很簡單，要學會從自己的生活周遭去找靈感。

就像平常我們一定會逛街，不管是逛街、逛美術館、博物館，或是隱藏在巷弄間的新奇小店……到處走走晃晃，總是會看到一些很不一樣的想法與創意，這方面台灣尤其厲害！所以，我也常常會鼓勵我的同事們，你們有空不妨多走走看看。

有一天，我去到松菸，旁邊開了一家店好特別，因為太好奇我便吆喝同事一起進去一探究竟。結果我發現這家店真的是太酷了！才知道它是期間限定開幕，只有兩個月的「黑松沙士清爽 der 選物店」！裡頭除了有有趣的文創小物可逛可看，還有以黑松沙士清爽 der 為基底的五種夏季限量特調，好奇的我當然立刻就想點來喝，雖然它的價格較高，有人或許會認為幹嘛花這些錢，但我卻覺得值得的事、想嚐試的事就值得花錢，才有可能得到新體驗！

多看優點，人人都會有舞台

就像你會認識一些新的人或朋友，從他們身上，你也能看到他們跟自己的不同之處，欣賞他們的特長和優點，我特別偏好，也喜歡看人的優點。

在我分享 STARFiSH 星予臨危受命去協助塞班島國際電影節的故事裡，有是一位來自東北哈爾濱的男生，這個小男生也是一個十分有趣的人。

由於我在活動中還必須身兼主持人的角色，為了讓節目活動豐富，不曉得是哪來的直覺，我覺得他可以跟我搭檔一起主持，於是我便詢問他：「你可以和我一起主持嗎？

你的英文ok嗎？」果真不出我所料，他竟然真的在北京做過主持的工作，就連英文也有相當的實力！

後來我們倆在紅毯的表現真的展現十足默契，就連八百人的晚宴，我們兩個人也能一搭一唱、流暢地主持。突然間，也不知是哪來的靈感，我丟了一個挑戰給他：「你會B-Box嗎？」他聽完我的話，露出一付不可置信的神情，說：「長君姐，妳怎麼知道我會B-Box！」這無心插柳的想法，竟然還真的被我矇中！「那我待會在台上就cue你做B-Box的表演噢！」他愣了一下說：「真的假的，好吧！我為了妳就豁出去了。」於是，他真的表演了一段非常精彩的B-Box，而這段表演也讓大家相當驚豔，台下掌聲、笑聲不斷，而他的老闆還嘖嘖驚奇：「我完全不知道他有這方面的才華！」

雖說在這件事上我是真的很幸運，但我想這也跟我喜歡看人的優點及長處有關，我還發現，在大陸有不少人，只要願意提供舞台讓他們發揮，即便是在很臨時的狀況下，他們不但不會怯場，還勇於接受挑戰，這已經成為一種普遍的民族性了。

而我也常會在開會時觀察每一個人的表達能力、參與程度的積極與否等等，這些都會變成我的用人依據，大概就可以知道該把這個人放在什麼位置？什麼位置會是適合他的？對我來說，「知人善任」，就是要知道這個人的優點，放在哪個位置就可以完成使命。這個能力也是訓練而來，我想應該是以前在法商工作的時候所養成的能力，相較於美商的習慣通常是問：「誰要做？」很不同，而這也是養成我多元化的企業管理風格。

長君小叮嚀

1. 想要人際關係如魚得水，創造「共好」才能經營得久遠。
2. 讓自己常保開放狀態，不忘從日常生活及周遭吸取創意來源，並多多發掘人的優點，比找出缺點還會有意義。
3. 機會是自己創造的，嘗試放膽開口詢問，也許有料想不到的結果

5

「人和」了，更能事半功倍！

成為法國 24HR 利曼賽亞洲冠軍 aai 車隊的贊助商

耐心等待，累積實力與經歷，才能歷久彌新。

在我與許多客戶的合作中，大部份都是蠻愉快的，很多人會問我秘訣在哪？其實我認為除了團隊要專業、要認真、要付出之外，其實很多案子的成功，都是「天時地利人和」。

STARFiSH 星予曾經為一個知名的比基尼品牌 Voda Swim 規劃活動，這個品牌及產品相當成功，也非常受到市場的歡迎。每一次與他們進行每一季的發想，出於信任，他們常常任由我天馬行空地亂丟創意，甚至會以行動支持附和，「好啊，這主意不錯，我們來做看看！」雙方一拍即合，又有默契共識，就真的常常激盪出不一樣的火花，有一次我們合作辦了一場秀，把整個走秀舞台，打造成陽剛氣息濃厚的比基尼拳擊擂台，不僅顛覆比基尼給人的印象，也搏得媒體及消費者的一致好評！

✧ 經營人脈無需刻意，順勢而為懂得選擇

在我從事公關的服務過程裡，並不是所有的客戶都會這樣全盤信任、放權給你，所以我才會強調——「天時地利人和」，特別是人和這一塊，能夠遇到信任你的客戶絕對是可遇不可求，同樣地，服務只有在願意尊重與瞭解的人身上才會顯現出價值，這其實也是人際關係的經營法則。

欣賞你的人，不管你做什麼，他都會欣賞你，不欣賞你的人，你做什麼，看在他眼裡他都覺得刺眼，因此並不需要特別、刻意去證明「我不是這樣的人，請你一定要相信我。」

不管是待人處事，**甚至在公關操作上**，**「取捨」就成為一個學問**。換句話說，一個好的客戶給予的回報跟創造出的價值一定倍數的加乘效果，把時間運用在對的案件上，

就是把精力放到能得到回應效益的地方、順勢而為，才有可能得到最好的成果，進而把事情做好、做滿。

很多人會誤以為「公關」就是要八面玲瓏、人人討好，才稱得上稱職的公關。事實上，每個人的時間、精力有限，不可能把所有的事情都攬在身上。同時，我的行事風格，也比較不應酬，真的人脈不在別人身上，而是在自己。也因此，我曾遇到客戶告訴我：「長君，妳知道妳是最不應酬的公關嗎？妳知道有多少人急於巴結我，只有妳不會做這樣的事情……」的確，我通常是工作完就回家，下班後不是運動，就是把時間留給家人，不過話說回來，找到能維持工作跟私人生活上的平衡也是能在這個產業長長久久的原因之一，當然這個平衡的拿捏視每個人的狀況而有所不同。

✧ 專注本業，自有意想不到的回饋

其實，把本業專注好，我也非常重視「口碑」。我曾看過一份報告，上面說，「如果是由客戶推薦的生意，成交率會高達60％。」也就是說，客戶介紹客戶，或是媒體會幫忙推薦客戶，這樣的連線關係，不僅黏著強度高，信賴度也會跟著提高。

這幾年，賽車在亞洲很夯，Asia Le Mans 是亞洲最高級別耐久賽，自一九二三年首次舉辦，是世界上還持續舉辦的汽車耐力賽事中歷史最悠久者，其中，aai Motor Sport 連續三年奪得亞洲冠軍，贏得法國 24H Le Mans 的參賽權。一開始，我與 aai 車隊老闆陳俊杉（Jun San Chen）是客戶關係，也因此 STARFiSH 星予能夠成為第一家公關公司跟隨冠軍車隊遠征到法國利曼賽，當時我到了法國利曼現場觀賽，感受到現場令人澎湃的情緒鼓舞，也因此隨車隊賽事的隔年，STARFiSH 星予便成為車隊贊助商與合作夥伴，aai Motor Sport 車身貼上 STARFiSH 的 logo，甚至 aai 車隊訂製新的車衣，STARFiSH 的 logo 也在其中！

有一回，我在泰國，意外發現有著「Super Samoan（超級薩摩亞人）」暱稱的 UFC（終極格鬥冠軍賽）重量級明星選手 Mark Hunt 也在泰國！身為運動愛好者的我於是特別帶著他的自傳「Born to Fight（生而為戰）」，為他打氣應援並請他簽名，沒想到竟讓這位明星選手感到相當驚喜和興奮！

後來，Mark Hunt 在他個人 Instagram 貼出我與他的合照，還親切地預祝我接下來的旅程順利平安，出乎意外地是，這則貼文竟然得到許多 Mark Hunt 粉絲共六千個 Like 及七十一則留言，還被在 Instagram 擁有二百五十萬粉絲追蹤的美國知名脫口秀的主持人

Joe Rogan 轉發，獲得了 2.7 萬個 like。而這則消息傳回台灣，也登上蘋果日報、自由時報、StyleMaster 雜誌等媒體的版面，老實說，當時我並不曉得 Joe Rogan 是誰，能有這樣的連結，也是因為 STARFiSH 星予是泰國普吉島 Primal FC MMA 國際格鬥賽事協辦亞洲唯一公關公司，也是前 UFC 綜合格鬥家 Mike Swick 在普吉島創辦的 AKA Thailand 健身房連續三年的贊助商與合作夥伴。

在做跨國生意時，事先了解對方的文化背景相當重要，也要懂得篩選客戶，畢竟時間有限、人力有限、資源有限，值得投入的，才有機會開創好的合作關係。

結合藝術與商業，是 STARFiSH 星予成立初衷

當然，經營事業並非慈善，很多時候仍是需要把公司生存及利潤當成優先，畢竟身為老闆，要承擔的責任不光是賺錢，還有員工的未來需要負責，不過就像回到當初創業為什麼要以「STARFiSH 星予」為名，這背後其實是有段小插曲的。

在決定創業後，我開始思索要為自己的公司取什麼樣的名字，當時其實我取了不少名字，然後請我的父親一個一個唸，哪個名字他能唸得清楚及順口，就決定是那個名字。

這麼做的原因，除了是對父親的敬愛及尊重外，還有一個考量在於，台灣人的英文並不是那麼地好，特別是老一輩的，若他能把這個名字清楚又容易的唸出，是不是就表示這是一個容易被記住及唸出具高識別度的名字！所以說，像父親這樣的一般人都能看得懂、唸得出，那麼所有人也都可以輕易做到。

成了我的實驗品的父親在眾多名字裡，一眼就把「STARFiSH」唸得相當標準，而我進一步把它拆解，「STAR」是「星」，「FiSH」是「予」（與「于」諧音），有著「給予」的意思，正好我又姓「于」，就這麼拍板定案。

除了好唸好記，「STARFiSH 星予」其實還有另外一層的涵意，由於我是學設計出身，我相當喜歡創作與藝術，希望透過這樣的理念，把自己所學及商業結合在一起，像 CHARLES & KEITH 與藝術家結合，就是一個很好的案例，客戶也十分滿意，這就是「STARFiSH 星予」的內涵與初衷。

到現在，STARFiSH 星予成立十六年，經手過無數大大小小的案子，不管是辦過北京崇文門城牆紅門畫廊 Estée Lauder 第一屆粉紅絲帶晚會、信義區歷年來最盛大的 *in house 跨年派對以及橫跨精品、時尚、美妝、運動、銀行、汽車、酒商、遊艇、藝文等客戶群的各類型與跨國際活動。也曾獲得在英國倫敦領獎的全球最大酒商帝亞吉歐集團亞太區行銷公關創意冠軍獎盃，透過這些活動與案子的歷練，讓我們更游刃有餘地進行資源整合及創意發揮，甚至也因客戶的信賴，我們更是嚴格篩選，把關品質。

而從事公關工作這麼多年，常常會跨不同的領域，有些領域，對我來說，可能已有先天上的優勢，但是對於某些不熟悉的領域，也是必須要做足了功課才有能力去處理、並謹慎來應付挑戰。

✧ 良性溝通是建立信任的基礎

我不斷強調，在職場上，我很幸運能夠常常遇到貴人！透過他們的不吝分享及指導，都讓我在經營公司的過程學習到很多東西。

很多人都希望找到一份「錢多事少離家近」的工作，但我反而會建議大家對工作要多點責任感，因為責任感，你就不會隨意離職，才有可能紮根，也才有可能不斷遇到貴人，就像我跟我之前所有的老闆，現在不少都變成我的合作夥伴，也因為過往工作建立下來的信任基礎，即便現在合作及工作方式不同，在「人和」的前提下，距離成功就更近了！

回溯我的職涯，我從來沒有一段工作是因為負氣而離職，我覺得這樣的方式很容易會造成誤會，或因為沒有溝通，就會產生無法挽回的結果；人跟人之間很常這樣，就好像有人會負氣地說，「我不想跟你做朋友了，今天就要把你封鎖！」但是，你沒有說明原因，對方其實永遠也不知道究竟發生什麼事情，一個好的良性溝通，才是促成人和最重要的關鍵，常常溝通之後，你才會發現雙方只是當下立場分歧才造成爭執，往往那些事情，事後再回顧，就會發現真的沒有什麼大不了的！

長君小叮嚀

1. 成功需要「天時地利人和」，基於良好的溝通是建立信任的基礎，若遇到溝通瓶頸，不妨撇開工作，讓對方和自己像朋友般聊一聊、談心，我覺得會有不同的效果。「以和為貴，和氣生財」這個道理也是商場上的成功秘訣之一。
2. 眼見不一定是真，耳聽也可能道聽塗說，建議多觀察，用時間來證明一切。

6. 給自己一個機會，就有可能發生改變

——為江宏傑及福原愛舉辦婚禮

每一個案子我都是十分用心在做，能出一點小小的力量，能幫上忙，就會讓我覺得就很有成就感。我的小學老師曾給了我一句話，在我的畢業手冊上寫了：「施比受更有福」，讓我印象非常深刻，因此，我非常樂意給人機會，也願意當個 giver，這不就是公關的本質嗎？

運動員與經紀人互相激勵闖出一片天，是好萊塢電影《征服情海》（Jerry Maguire）中相當令我感動的片段。運動員是一種相當特別的職業，與大部份的工作不同的是，運動員的產能週期是短暫的，也因為這樣，運動經紀才會在歐美先進國家大行其道，就是為了讓黃金生涯有限的運動員，能夠蛻變成運動明星，延續其職涯。不過要成功地讓運動員轉變成運動明星，需要包裝，除了要聚焦在運動員所顯現的運動精神外，其它的部份，就是要透過專業公關包裝並與適合的商業做結合。

簡單地說，運動員要專注於他的本業，除了運動場上表現要好，品格、品德也缺一不可，再經由好的運動經紀或公關包裝，就有機會將自己過往在運動場上的輝煌表現，延續下去。

認識江宏傑與福原愛這對可愛的夫妻，說來也是一段有趣的緣份。

義務幫忙，意外引起迴響

江宏傑十六歲便在國際桌總職業巡迴賽加拿大公開賽青少年組中拿下生涯第一面金牌，之後便一路過關斬將，在二〇〇九年達到生涯新高峰，不僅在貝爾格勒世大運拿下男單與混雙金牌，二十歲之姿就獲得台灣運動精英獎最佳男子運動員殊榮。截至目前他已累積了許多戰績，在國際上也獲得了不少金牌。

福原愛是日本女子桌球國家級選手，她的父母也是運動明星，五歲就獲得日本全國大賽兒童組冠軍的她，由於長得相當可愛，從小就是媒體寵兒，後來她去了大陸受訓，也學了中文，所以能講一口流利的普通話。

他們兩個人是一起在德國受訓時認識、交往，後來回到台灣準備結婚，為了籌備婚禮，兩人接洽了不少婚紗公司，雖說小愛在日本及大陸非常有名，但在台灣，兩人的名氣在當時還沒有那大，恰巧他們到 CH Wedding 遇到賈永婕，熱愛運動的永婕一知道他們是國際級的運動員，二話不說，立刻熱心地要協助這兩位年輕人辦婚禮，當然有一部份也是因為小愛嫁給小傑，被日本說這是一段「格差婚」（門不當戶不對）的結合，為了要替台灣的有為青年應援，永婕便把我拉進來，一起研究該如何為他們辦一場有聲有色的婚禮。

記得一開始什麼資源都沒有，加上那時他們還在賽期，只好趁著他們在德國受訓的時候，先拍了一些婚紗照，照片送回台灣後，我再從中挑選幾張先來發新聞稿，這次我自己親自著手，分別準備了繁體、簡體、英文及日文的新聞稿，其實會準備這幾種不同語言版本新聞稿，除了因為他們倆參加的都是國際賽事外，我一直覺得像這樣的運動員，應該不只讓台灣人關注，而是有條件吸引到國際人士的目光。

果真，新聞稿發出後，引發不少迴響，可能是因為小愛的關係，反應真的非常地好，尤其是日本媒體，對江宏傑格外好奇，因為他們不了解他的背景，為何能夠吸引福原愛願意嫁到台灣。

日本媒體十分嚴謹，在收到我的新聞稿後，想要使用照片，於是就與我連絡，詢問照片的肖像授權費用，我回覆他們，我們是贊助協助江宏傑及福原愛，所以不用費用，「只需要在每張照片上註明出處是來自 CH Wedding 及 STARFiSH PR 即可。」

由於我人不在日本，沒有辦法完全掌握日本的媒體曝光情況，於是我請跟我索取照片的日本媒體協助，提供給我相關報導的報紙、週刊、雜誌版面，甚至電視畫面 email 給我存檔，十分感謝日媒的協助，讓我收集到這些資料，他們的婚事真的在日本媒體引發不少迴響。當時，我的手機應該是二十四小時隨時有媒體電話進來，有講中文、英文，也有講日文的，有些講日文的，還外帶中文翻譯……總之我就是一直在接聽電話，不停地在溝通，二十四小時幾乎無休，為的就是媒體需要什麼資料，我們就盡量滿足！也許是因為我們的公關服務做得到位，到後來，香港與大陸也有媒體來詢問，他們的婚訊在國際體育圈造成不小的轟動。

二〇一六年十二月三十一號，日本媒體通知我，他們開會討論後決定要來台灣一趟，在二〇一七年元旦這天，現場採訪江宏傑及福原愛的台北宴客婚禮。我聽到這消息十分開心，也竭誠歡迎他們到來，因為我們早已安排好了國際發稿中心，與正式記者會等同的規模，十分感謝晶華酒店的全力支援，及永婕的婚紗公司 CH Wedding 與婚顧公司 Ivan，在這麼多專業夥伴的合作下，在現場真的精心準備出不少亮點給媒體報導。

由於這場婚禮升級成國際級的盛事，在整體接待上，我們也規劃了國際組的媒體接待區與台灣的媒體接待區，沒想到，相當慎重的日本媒體竟然提早了三個小時就來現場；而台灣媒體一到現場就十分驚訝，竟然有這麼多國際媒體前來，也因為我們早有安排，現場動線流暢，破百家的體育線媒體也沒有造成混亂。

台灣媒體習慣在捕捉情侶或是夫妻畫面時，會希望兩人「親一個」，以製造話題，但我卻認為他們今天的角色，是明星也是偶像，其實應該要留給大眾一個完美的憧憬，於是在婚禮現場，我預先與媒體溝通，沒有親吻的照片，照片提供兩人秀出婚戒、穿白紗禮服手牽手，很溫馨美好的照片，下午國際媒體婚宴上，只邀請江宏傑夫妻出來讓媒體拍攝牽手畫面照。

✧ 發掘潛質，讓運動員變成運動明星

婚禮圓滿落幕後，不知怎地，我的腦袋又不停在轉，小傑是位身材高挑的帥哥，只要加以包裝，就很有機會從運動員變成運動明星。於是我又主動地去幫他洽談了 Esquire 君子雜誌，會找上 Esquire 的原因是因為當時 Esquire 的總編輯是電視台的運動主播出身，

對運動員耳熟能詳，若換作是與其它時尚圈的記者談，由於領域不同，他們對小傑還相當陌生，更遑論會有興趣報導。

於是，雙方一拍即合，進行封面拍攝合作。也因為運動員在先天上有身材的優勢，於是 Esquire 服裝編輯就借了 Prada、Bottega Veneta、Dior Homme 等時尚品牌來為他包裝。一如預期，小傑穿上這些品牌，加上髮妝師從頭到腳的整體造型，真的是帥呆了！「整體造型」是一種美學，也是一種細節，缺一不可，因為只要一點點不對，差別就會很大。

整體造型結束後，再讓小傑穿上精品服飾，從來沒有這樣盛裝及精心打扮的他，亮相時，就連福原愛也驚呼連連，直說：「老公怎麼那麼帥！」江宏傑自己也是驚訝的不得了。「人要衣裝」這句話真的是對的，因為在悉心造型下，江宏傑真的呈現出「桌球王子」的時尚氣息，相當吸睛。

在還沒有讓江宏傑在時尚雜誌露出之前，大家只知道他是位運動員，他和福原愛的婚禮雖說上了報紙的全版，但仍只是屬於體育版的盛事。人會因為慣性，看到的永遠都是自己熟悉的一面，運動員看到的永遠是自己運動員自然的一面，但因為 Esquire 雜誌的拍攝，突破與改變運動員之外的新形象，也顯示出運動員的其他可能，引起不同品牌與跨界群眾的注目。

這其實也牽扯到「信任」的問題，我告訴小傑，「今天做這個報導雖然不是自己以往熟悉的運動員形象，但你不妨想想，在有生之年你可以跟其它人說，我上過 Esquire 君子雜誌，國際雜誌封面與內頁報導，會是多麼特別的一件事？」聽完我的話後，小傑便說：「好，那就聽長君姐的。」

此次的合作，除了讓江宏傑蛻變成體育明星，吸引到時尚圈及品牌的注意外，由於雜誌編輯也是我的好友，透過這樣的機會，他也能與品牌爭取上廣告的機會，為雜誌帶來額外收益，至於對品牌來說，則多了一個有趣的時尚新面孔……果然後續便有精品品牌看到這篇報導，開幕時想邀請江宏傑去剪綵。

公關是一種說服術，同時也要懂得去挖掘看不到品牌或客戶自己看不到的潛力及優點，很多運動員就像一塊璞玉，需要洞悉他的潛質，才能琢磨切割出適合他的角度，讓他發亮。江宏傑能成功，我覺得他的個性是很重要的一個關鍵——現役運動員的身分，讓他很勇於接受挑戰，一旦他答應，他就會全力以赴，配合度也很高，這是他很大的一個優點。而他能繼續受到歡迎，也不是沒有原因，他十分謙卑，沒有因為竄紅而有了大頭症；福原愛也是如此，從小就爆紅的她，並沒有因為掌聲而迷失，相反地，因為她懷孕，我們有一年的時間沒見，但小愛都還是會惦記著我，不因時隔日久而疏遠。

當然，我並不是每一次包裝出擊都一定是十拿九穩地成功，也曾經歷過失敗，但是，只要對方願意嘗試，我就會想盡辦法去整合資源，給自己一個挑戰的機會，也給他們一個機會。

長君小叮嚀

1. 勇於嘗試多變的造型，一次二次三次以上，就能找到最合適自己的Style，美學與品味也是要每天多加練習的。
2. 為自己訂下的目標，給自己重複喊話，朝著目標一點一滴的前進，不知不覺中就會蛻變，變成有自信的自己，也達到目標了。

Chapter 4

從生活及運動中覺察工作態度！

1 學無止盡，讓自己保持在學習的狀態

人一生的職涯很長，不要只單看眼前一時的事物，讓自己保持在學習進步的狀態中，勇於創新、累積經驗！

二〇〇三年，STARFiSH 星予創立，當時其實是上海跟台灣兩地同步創業，可以說 STARFiSH 星予西進的腳步算是非常地早，儘管二年後我因為結婚關係，將工作重心移回台灣，但上海的創業經驗仍帶給我不小的衝擊及影響，特別是在那裡，你會發現，你從事的公關事業版圖是全球舞台，因為當時跟你競技角逐的是來自全球各地的企業，所以在上海創立公關公司時，我著眼的競爭對手，不單單只是內地的企業，還要與英國、美國、法國、義大利、澳洲等等……來自世界各地的公關公司，一起競爭和角逐客戶，也因為有這樣的經驗，當我再回到台灣，自然就立志要 base in 台灣、放眼全世界。

不過這樣的想法，在那個時候，其實還有點言之過早，畢竟當時台灣的環境氛圍、兩岸三地都尚未直飛，STRFiSH 星予似乎走得太前面了，因此當時很多人都很難理解我的想法。早先幾年國際客戶希望我們能接國際的公關服務，當時先婉拒了。但是，近兩年，大環境開始改變，尤其在二〇一六下半年的時候，有很多國際的客戶找上我們，我認為這是個好時機，與此開始，堅決 STARFiSH 星予要國際化，並開放國際實習機會，讓國外的優秀人才有機會來我們的公司，再一步一步營造出全英語的工作環境。

也因為這樣的改變，逼迫現有員工踏出舒適圈，勇於並願意接受挑戰，果然，改變開始發酵，真的有越來越多的國際級的客戶進來了，而且是以外資身分投注在台灣的國際客戶，這也達到我的創業初衷之一，盡己之力回饋台灣。

別讓語言成為你的發展滯礙

台灣受限於規模，內需市場不大，所以發展國際的生意，有其必要性。然而一直以來，台灣企業沒辦法跨出去，或是朝多元化，其實，語言能力可以說是最大的限制原因。特別是身為在地球村的環境下，職場已呈現語言多元化的情況，像是我們在開會時，我的客戶有香港人、新加坡人，或是來自世界各國：美國人、法國人等等，因此在會議上，我們都要使用同一個語言，也就是英文來開會。台灣年輕人的英文都不錯，也有一定的底子，只是不敢講，其實說錯也沒關係啊，聽得懂就好，可惜的是，很多人的聽力並不好。不過，英語能力是能夠被刺激出來的，有了環境刺激一下，過往學過的東西就會慢慢浮現，也會越來越進步。不過，或許有人認為「國際化」只要會說英文就好，而英語會說、敢說就能夠溝通無礙，但是我認為並不只是如此。

國際化並不是光會說英語就能夠實現的，培養國際觀的重點在於使用者能否確實將所學應用在生活之中，換句話說，你必須具備專業知識、也必須了解異國文化，還要言之有物，甚至還能參與全球暖化、金融海嘯或中東情勢等等討論國際事務的能力，才會讓對方覺得你是有趣、有深度的人，如果沒有辦法談論這麼深的議題，也要有自己的專業基本功及生活歷練，這樣在與外國人交談的時候，才容易產生一些共鳴，不要每次都只能談論夜市、臭豆腐等小吃，需要培養自己能夠談論更多具有深度的內容。

記得我還在 Benetton 工作的時候，有一次外國賓客來訪，我得去跟他們解釋我櫥窗設計的概念與想法，當時我的英文還沒有辦法像現在這樣得心應手地運用，聽得懂卻講得不好，便只好透過一位同事來替我進行翻譯，整個過程下來，直覺他的翻譯並不是很到位，心裡有點懊惱卻又氣自己使不上力，這也讓我意識到英語的重要性，激發我想要學好英語的想法。

而為了提昇及強化我的英語能力，在NINE WEST工作的期間，我利用下班時間再去政大進修語言。事實上，在離開NINE WEST後，我原本打算去紐約拿個學位，並加強我的英語能力，同時間我也寄了履歷到L'Oreal台灣萊雅，但在我要前去紐約看學校之前，就拿到工作offer，正當猶豫該出國唸書還是繼續工作時，先生給了我些建議：「妳出國唸書回來，不也是要找工作嗎？現在有一個全世界最大的化妝品集團，給了妳一個大家擠破頭都想要的位置，如果我是妳，我會先拿下這個位置。另外，加強英語能力，在台灣也可以做到，沒有一定要出國不可！」於是，幾經思索，我選擇繼續工作，而放棄出國唸書的機會。其實不光是我先生這麼認為，就連我有兩位很好的前輩姐姐，同樣都在外商做採購，兩人的英語皆流利得不得了，她們也沒有出國喝過洋墨水，全是透過自我進修。

持續自我進修是提昇自己相當重要的事情，特別是想在高度競爭的職場中出線，就得勤練馬步，有計畫地學習、自我進修。進修，不只是每週抽出幾個小時的時間上課而已，還包括回家要念書，因此時間的管理很重要。

✧ 資源有限，要懂得時間管理

我在〈小事反而是最重要的事〉的篇章裡有提到我對一些富二代及企業接班人的觀察，其實有大部份是非常努力的，不僅是該玩的時候，非常盡興地玩，該工作的時候很拼，非常認真、非常努力。也許會有一些人不以為然，會覺得那是因為他們的背景很好，才能這麼輕鬆，但在我看來，我反而認為是他們善於時間管理，所以能夠在有效的時間內，完成很多任務，達成率很高。

好比說我有一位已婚的企業家朋友，每逢周末，固定就是他的家庭日，在這兩天，他不會排任何應酬活動。但是周末之外的星期一到五，他一定是以公司的事情為重，即便是晚上的飯局應酬，他可能會排兩個，而這兩個應酬都有其意義和目的性的，不是像大家今天出去玩，只為了放鬆、開心而已。我曾有一位同事，他每次和記者約吃飯，都會交換重要的資訊回來，或是從他們身上學到東西，並不是說約對方吃飯，一定有什麼樣的企圖或目的，而是做事情最好不是漫無目的，也許可以設立一個目標。

以前是只要你努力就可以獲得成就的年代，但現在這個時代是不僅要努力，而且還要靈活，正因為資源很有限，如果時間管理不好的話，你很容易會浪費在很多不必要的地方，所以你必須要很清楚哪些事情對你來說很重要，那就要放進行程裡，再者，你也必須要捍衛自己的時間自主權，別輕易的讓他人決定你的時間，唯有如此，你才能真正善用時間，並把事情按時做好。

其實，時間管理的目的是為了有效率的利用時間，同時也不讓生活全都被工作佔滿，一定要留一些時間給朋友和家人，甚至是為了你自己，紓解你的心靈，並平衡工作與生活。

長君小叮嚀

1. 人的一生時間有限，如何能有效利用時間做自己喜歡的事，也能充實自己，陪伴家人與朋友，或是在事業上衝刺，有時候必須用智慧來取捨拿捏。
2. 在我觀察成功的人，付出的時間與精力也是比一般人來的多與努力，端看你想要過什麼樣的生活，或是你想創造與眾不同的人生。

2

練習轉念，才為自己蓄滿正能量

「總是充滿正能量」聽起來也許有點做作、假掰，但不可否認的，如果周遭的人整天都在抱怨，我們還會喜歡跟他相處嗎？傳達正面能量，並且不斷充實與提升自己，就有可能讓一切都越來越美好。

在我的第一本書《超強Social力——職場公關黃金法則》裡，有個篇章為〈西進中國，需要什麼？〉，這雖然是二〇〇九年所寫的文章，但裡頭提到該具備的態度與能力，卻未因物換星移而有所改變。

想要西進發展，必須要有破釜沈舟的決心

台灣內需市場太小，早期風險投資又不發達，在空有人才優勢，一定要往外走才有

規模化的可能性，也因此很多創業者看到了中國語言相通，直覺地就將西進作為國際化的首選，但隨著時間的演進，現在西進的熱潮已與第一波不逕相同。

台灣低薪苦勞的困局，迫使越來越多台灣年輕人想去中國工作，也越來越多年輕學子在畢業後，直接選擇大陸，所著眼的是大陸的薪酬比較高。而我也常被問到相關的問題，對於有意到外地發展的人，我多半只有一個忠告：「不要想要回來！」我的意思是，如果沒有破釜沈舟的決心，反而給了自己退路，「到大陸發展失敗，再回台灣就好了啊！」這樣是很難成功的，畢竟兩地有很大的文化差異，不夠有決心就很難撐過重重的挫折。

其實，就我近幾年兩岸往返的經驗，雖說中國大陸的薪酬，甚至起薪給的比較高，但扣掉生活中的開支，其實不盡然如大家所想的那麼高。根據104資訊科技所公布的「二〇一八台灣人才西進滿意度大調查」，發現大陸薪酬是台灣的1.72倍，但大陸生活費已比台灣高，是台灣的1.63倍，完全印證我所說的現象外，調查還顯示有超過半數的人覺得壓力大、每週平均工時五十小時，也使得57.1%曾想回台灣。

✧ 換工作也要有正確的態度

在最近幾次的面試，我就遇到不少應徵者，在其它工作歷練了一圈，希望能找到一份能讓自己更上層樓的工作機會。像是其中的一位應徵者，不僅在代理商（agency）及服務業累積了幾年經驗，在一番經歷後，他覺得還是想來 STARFiSH 星予試試看，希望從頭來過，也因他真的有過歷練，了解什麼對他的職涯而言，才是真正的價值。

以我的求職經驗為例，我認為換工作也要有正確的態度，也就是要了解自己要的究竟是什麼，在工作中調整，一旦發現不合，就要立即停損，這才是我認為正確換工作的態度；特別是，在三十歲前，能兩到三年就換一份工作，但過了三十歲以後，就必須清楚自己「擅長」或「喜好」的工作主題，並最好要找到一個明確的目標，要有深度一點的，不管做個五年、七年、八年或更長久，都沒有關係，仔細想好你想要的未來是什麼？你要走的是什麼樣的一條路？這位老闆的理念、還有企業文化是不是你所認同的，再去踏出這一步，不要沒有想清楚就貿然丟履歷表或是離職。

在現實生活裡，並沒有所謂完美無瑕的工作，有時候必須拿捏「走得深」跟「走得廣」的平衡點外，還要知道有時候「走得深」能得到的是得心應手跟事半功倍的效應。

✧ 拚命做，就有機會遇上伯樂

前些時候，我看了一部英國 BBC 的實境節目，看完這個節目，我超感動的。劇情是有一位速食量販店的老闆娘，在先生過世後由她接手企業，她假扮成員工，混在量販店的員工裡頭，一起工作，有點類似米其林餐廳的秘密客。與員工一起共事的過程中，老闆娘發現企業裡頭的問題，她也觀察到每一個人似乎對自己工作很有熱忱，在同一個位置一做就做了很久，但在更深入探討為什麼不換工作的真正原因，則是因為這些員工的家裡環境都不是很好，這其實在外國是非常普遍的現象，很多人一份工作一做就是七、八年，甚至十幾年，這些人裡有不少是單親身份，既要養父母，又要養孩子，正因為缺錢，所以他們都不敢貿然換工作。

這位女老闆總共去了四個店面，這四個店面所看到的情況，大概都是上述的樣子，後來她去了四家中業績最好的一家量販店，很驚奇地發現這家業績最好的店面，居然是資源最匱乏的，就連店裡所使用的硬體設備，也是最落後的。經過她進一步探查後，才發現原本現在的店經理上頭卡了一位地區經理，受到他的影響，所以沒能得到任何資源，就連要換一台新的烤麵包機，也得等上個一兩年。儘管如此，他的業績為什麼能這麼好？即使受到不對等的待遇，他還是為公司兢業拚戰？甚至能做到雙倍的業績？原來是因為這位店經理想要變成這家店的加盟者，為了實踐這個夢想，他有了不斷打拚的企圖及行動。後來，這位老闆娘在知道這件事情後就告訴他：「你不必存到一桶金才能把這家店面給頂下來，這家店現在是你的了！」

我相信，若能夠遇到一位好老闆，看到你為公司這麼拼，老闆自然也會願意給予高薪酬，除非你今天很不幸地，遇到的是一個很摳門的老闆。但反過來看，如果今天你對公司半點貢獻也沒有，你還不斷跟老闆吵說：「我要加薪！」這自然也就不合理了。

像我的第一份工作，集團裡有位層級高的總經理，是位香港人，她就是一位很慷慨的老闆，常常會在工作閒暇時邀請大家唱 KTV、吃大餐，這其實是她用來凝聚大家向心力的一種方式。所以到現在，現在只要知道她回台灣，我和其它的老同事們也會比照以前的方式歡迎她。

而我在 L'Oreal 工作，有一位老闆出身優渥，每一回出國她都會要求要坐商務艙，卻也同時會把我的座位一起升等。雖然說，她是位很講究，也很嚴格要求的老闆，但是只要你肯拚，她就肯給，也敢給，甚至願意信任、也會給方向。我開始創業後，她便給了我不少的案子，是我相當重要的貴人。而這位貴人，由於她在美妝產業的資歷非常資深，她不僅十分樂於經驗傳承，也很願意把美妝產業線記者的個性、喜好全都一一跟我分享，讓在我聯繫這些記者們時，能很快上手並了解每一位記者的特性及所想要的東西。

多練習借位思考

許多人很好奇，為什麼我與歷任老闆的關係都跟能維繫地那麼好，並不是我特別會逢迎拍馬，而是不管待在哪一家公司，我都十分拚命，願意站在公司的立場思考，盡力為公司做出最大的貢獻，也因為這樣的態度，我在每一家公司上班的時候，都是那一家公司最賺錢的時期，不管是Guess、Benetton、NINE WEST等等，當時團隊一路上一同打拼、做到市場第一名，而我通常也在做出一番成績、公司成長穩定後、才會詢問老闆是否可以離職。就如前面篇章所分享的，我離職前都會和老闆知會，老闆們同意後，我才會離開。

當然，也有很多人好奇，「June，妳難道都沒有遇到向上管理的問題嗎？」說老實話，還真的很少。我覺得這可能是家庭教育的影響，我的父親及家族都十分講求尊師重道或是敬老尊賢，從小就不斷教誨我們：前輩們願意傳授你東西，你要非常感恩，雖然是領固定薪水，你可以選擇努力做、也可以不努力做，但是，只要你肯努力，這些經驗就是你的！

職場難免還是會有低潮的時候，有時會覺得老闆的意見怎麼老是和自己的相左，或是覺得老闆不重視我、老是派給我苦差事，甚至還會覺得自己的付出跟所得到的並不相符等等這些負面的想法，在我年輕的時候，也是會發生。但越在這樣的情況，越要懂得借位思考。

我的父親常常會跟我說：「長君，妳不能老是有這樣的想法！」他會唸我一頓，然後跟我分析老闆的想法是什麼，並引導我去思考，「如果今天換成妳是他的位置的話，妳又會怎麼做？」就是學習讓自己轉個念頭，這件事其實是需要常常練習的，就像一般人在講的紓壓也好，這些都是要經過練習，才能學會。

長君小叮嚀

1. 當你不順心或是煩心時，需轉念往好方向想，並試著讓自己更好更堅強，不要讓自己輕易被打倒。
2. 適時的讓自己放鬆休息、旅遊散心、郊遊踏青都是不錯的選擇。

3. 運動，是多愛自己的一種方式，也是另一種人生縮影

運動真的是一件很快樂的事！也是需要長期培養的興趣，最好能找到一群志同道合的夥伴，大家不但可以相約一起運動，有比賽或活動也能互通有無，還會彼此鼓勵打氣，比較不容易放棄。

在唸書時期我其實是個體弱多病的藥罐子，不僅挑食，還長得非常瘦小，就像乾扁四季豆，完全沒有運動的習慣。因為瘦小的關係，加上容易曬黑，當時很多朋友都稱呼我為黑美人，而在開始上班後，從早到晚的時間都奉獻給工作，二十七歲創業後更是如此，當老闆根本就是二十四小時、全年無休的。就這樣一路忙碌到我三十五歲的時候，又開了娛樂經紀公司，有一回的記者會，我和我們家的藝人們一同合照，照片出來後，我才猛然驚覺我怎麼會變得這麼腫！大腿又這麼粗！整個人看起來氣色不佳，還顯得相當疲憊……

直到有一回時報週刊的記者採訪我，寫了一篇關於我的馬術運動專訪，她告訴我，看到運動為我帶來的改變很替我開心，但又補了一句話：「長君，妳知道嗎？我以前認識妳的時候，看到妳這麼拚命，心想若有機會轉職，我絕對不要做公關，因為這份工作看起來好累又憔悴！」

記得我在學學文創教課的時候，當時公關產業還是大學畢業生票選的前三大夢幻職業，但這份工作在實務上卻是十分繁瑣與高壓，用腦也耗體力，所以建議要進這產業的人，一定要先有理解及覺悟。也因為經過那段操勞的工作歲月，三十五歲時我才體悟到要多愛自己，開始運動就是其中之一的作法。

後來，我經過一年多的健身房操練和馬拉松路跑，發現自己不但體力越來越好，身材也緊實勻稱，就算體重沒有下降很多，但是拍照時，相片裡的自己看起來順眼多了，不但臀部與腿部線條變好看，腰線也緊實不少。

不斷修正、不斷練習，就會不斷成長

不過，在運動範疇，我必須承認，我不太可能獨立完成鐵人三項，我反而是採取多元化的作法，例如學習英式馬術，目標拿到一個獎盃肯定，那就心滿意足了。馬拉松路跑賽，就以半馬（二十一公里）或是一個小時之內可以跑完十公里為標準。

又像是打拳，我會希望自己能夠打出一套帥氣又正統的拳法、學跳舞則是因為要學習並抓住節奏感，以協助我掌握拳擊的節奏，所以一開始我在學跳舞的時候，我便將自己學舞的影片 Post 上網，看到的朋友們就發訊息跟我說：「長君，妳在幹嘛啊！好好笑喔！」

但是，我就是愛分享我喜歡的事物，並持之以恆地學習，不管自己跳得爛或好，分享就是我成長的動力。就這樣一直 Post，久了之後，朋友也了解我並不是嘴巴上講講而已，是真的認真投入，更出乎他們意料的，我居然也越跳越好。而有趣的是，在我越跳越好後，並變成一股力量，感染周圍的朋友，他們私下會訊息我，詢問我的舞蹈老師叫什麼名字？我都是去哪裡上課？讓我更有成就感的是，我對運動的熱情，真的感染了朋友們也去上跳舞課，甚至有些懂舞蹈的朋友，還會熱心地指導我：「哎啊，長君妳的手不該放在那裡，手應該放哪裡會更漂亮……」諸如此類的回應。

其實，我打拳也是一樣的情況，不斷地修正、不斷地練習、不斷地成長。有蠻多朋友看到我打拳的影片，甚至嘖嘖稱奇，「June，妳打拳還真的有勁！」

有一回我去紐約出差，也跑去練習泰拳，美國教練一看我就覺得我的樣子不像是練家子，這麼瘦、骨架又這麼小，但是後來卻訝異於我會不少技術，才肯定我是真的學過、不是隨便來運動的女生，由於教練也是職業泰拳選手，便多教了我幾招新招數，也是那趟出差很棒的收穫。

其實，我一開始的體格對於練拳是真的很不利，但是我沒有放棄，知道自己因為肌肉量不夠、骨架太瘦，我便藉由重訓，透過專業教練的協助及建議，從飲食、訓練雙管齊下，去增加肌肉量。又如前面所說，要打好拳，節奏感很重要，於是我的拳擊教練便建議我去上舞蹈課，透過舞蹈訓練出節奏和腳步。在舞蹈課及重訓課程的協助下，讓我的拳擊更加精進，也讓我了解在學習時，要懂得諮詢及接受專家的建議，照著做就會有大成長！

之前，我偶然碰到一位老闆——吳重山先生，他不僅是台灣劍道的第一把交椅，同時也是日本人認可的八段劍士範士最高榮耀，他很欣賞我，因為他很訝異怎麼有女孩子會打拳，同時還從事這麼多項運動。於是，在上海出差的時間，我每天早上便隨著他一同在外灘跑步，從早上八點鐘跑到九點，跑完後再一起去吃早餐開會。承蒙他的抬愛，他送我了一把竹劍，上面有他的簽名跟刻章，想成為吳老師門徒的人，實在太多，而且他只與劍道同好切磋交流，以前在台灣學劍道的，都是醫生或是做生意的人，所以能拿到這把珍貴的竹劍，對我來說，不僅是殊榮，意義更是非凡。

此外，我從二〇一四年，開始學習泰拳（Muay Thai）與拳擊（Boxing），這項運動需要大量的體力和意志力，並且用核心肌群來控制每一個動作；我之所會喜歡技擊運動，正是因為能運用身體不同部位，訓練瞬間的反應力，挑戰性很高，而我也認真做好每一個動作，希望每一個動作都能做到精準。

立定工作進度，善用時間持續運動

愛上運動，並且持續不輟，這一開始，其實是跟著同好姐妹們一同去跑馬拉松，然而在真正投入運動後，我發現自己不但不覺得累，精神反而變好，還能釋放壓力。所以除了工作、演講、學習外，運動也是我自我進修的方式，更是維持身心靈平衡的秘訣。

至於在忙碌之餘，如何運用時間持續堅持運動熱情？善用時間其實很關鍵，最重要的是自己要知道自己的工作進度，再立定好工作的完成項目時間，這樣一定會有自己的休閒時間。

運動是另一種人生的縮影，在過程中難免會遇到挫折與挑戰，但都必須一一去克服和面對」，還記得我第一次跑九公里馬拉松時，膝蓋不慎受傷，需要從早到晚冰敷，才能降低疼痛，於是我決定請專業的教練來教導自己正確的跑步方式，這讓我了解每項運動都應該要有專業的教練教導才能正確的執行，裝備也要完備才能預防傷害並做好保護。

長君小叮嚀

1. 持之以恆的運動，養成習慣，你會看到身體的改變，更加健康，也為年老時儲存養分。
2. 量力而為，依據自己身體的狀況適度的調整運動方式。

4 馬背上的人生哲學

用鞭子鞭打，馬匹不見得會聽從指揮，必須了解牠、與牠溝通，人與馬才能合作無間，在企業的領導上，也是如此。

我對運動的興趣廣泛，每一種運動都給我不一樣的體會，但是細究這些運動，我最喜愛馬術，喜愛它的原因不單純只是因為馬兒可愛，更是因為在與馬的互動過程中，必須學習尊重與建立關係。

二〇一四年，我完成人生第一場馬場馬術B1檢定比賽合格，很多人以為我修習馬術很久，但其實我接觸馬術並不算早，三十六歲才開始，在歐美國家許多小孩從小就接觸馬，甚至有些學校會讓學長帶領學弟去刷馬、整理馬廄，和馬匹培養感情，這是一種自然而然的生命教育，透過相處的過程，學會了解和尊重另外一種生物。

而我，也是因為馬術，我更懂得尊重、更愛護動物、也因為在馬術運動的練習過程中，體會到很多事情，轉個彎、轉個念，用不同的方式就能克服困難。

因材施教的指導，讓自己開竅

談及接觸馬術的源起，一開始是因為「地利」之便，我家的對面，湊巧有個漢諾威馬術俱樂部，每天經過就非常好奇，有一天心想，不如就安排試騎一堂看看，沒想到，試騎之後發現自己非常有興趣，馬兒又十分可愛，於是就開啟了我的馬術之路。

二〇一四年，一趟法國之行，我從巴黎約一個小時的火車車程，抵達第戎（Dijon，法國東部城市）去拜訪我的朋友 Filippo Canesi，他開車帶我抵達他居住的小鎮，從他朋友飼養三十多匹的馬廄中，挑選出一匹適合我的溫馴的馬兒，當時還是初學馬術的我，只能由朋友牽引野外騎乘，經過森林，一望無際的山丘，人煙稀少的小鎮，坐在馬背上面的視野感到特別興奮，還有乘坐的高低起伏的感覺，對馬兒的步伐有些許的體驗，在法國鄉村的馬兒很自由自在，看到馬兒彼此間的嘶吼聲音感覺特別有趣，在放牧區也會自在奔跑發出開心的聲音，玩得不亦樂乎。這樣接近大自然的悠閒騎乘感覺超棒，這也加深我想學好馬術的決心。

不過，在最初的學習過程中，由於初學者往往一上了馬背就方寸大亂、全身僵硬，更遑論要控制馬匹，所以我光是讓教練用一條調馬索，以教練為圓心繞著走，再靠教練手上拿著的調教鞭，控制馬兒的步伐與行進速度學習技術，這樣子繞繞繞，就繞了半年的時間，以達到人馬一體，並學習掌握節奏感。

工作時，我習慣穿高跟鞋，長期下來，腳會不自主地踮起來，但是學騎馬的腳跟卻要往下壓，還有膝蓋也是要往外放鬆的，這也是為什麼小朋友學騎馬輕鬆又容易上手，因為小朋友在馬背上面是輕鬆自在的，不像大人容易養成慣性，像是會怕高，又或是一發覺馬兒動了，自己就莫名緊張起來。於是，光是姿勢調整，就得花上好一番功夫。

有一天，馬術課的學長看到我還在調馬索繞場學習基本功，好奇問了一句：「長君啊，妳怎麼還在調馬索？都已經六個月了，妳沒有想換個方式學習看看？」

說真的，我一個星期有兩堂課，到最後，我是每天早上都去上課，每天早上八點上完馬術，再進公司，就這麼反覆練習到有一天，馬術俱樂部邀請一位來自加拿大的教練，我就安排上他的課。沒想到，他的一堂課，對我灌輸了國外對馬術的概念，讓我大開眼界，也對於我這半年來所學帶來極大的輔助，為我增強了信心，開始能夠在馬場裡頭奔跑，與變換各式路線。

以前我以為騎馬，就是要用鞭子打馬，好驅策牠前進，這一關我一直過不了，因為我是愛護動物的人，我很喜歡馬兒，我為什麼要鞭打牠？這一位加拿大的教練卻了解我的心理層面，做到了因材施教，他的教法讓我開了竅。雖說每個人的教法不一樣，但是最後要抵達的終點都是一樣的，只是國內跟國外老師的教學理念上還是有所不同，取各方面的優點而融合是進步的一大強心劑。

✧ 對馬要有同理心，企業經營也是如此

加拿大教練的教法，開宗明義的第一課就是：「坐在馬背上、你要學會尊重你的馬，而不是一直用腳踢牠，尊重你的馬，你的馬自然就會尊重你，這是一種同理心，你若一直踢、一直踢，其實就像身旁有個人，一直不斷打你，我想，不管是誰，都一定會覺得很煩，所以若你不懂得如何對待及愛護你的馬，自然會更無法駕馭牠。」

台灣人很少有機會接觸到馬，對牠的習性不了解，所以常常會覺得騎馬容易受傷，但其實騎馬是很好的運動，可以讓大腿內部肌肉線條更加顯著、改善駝背的壞習慣。醫

學上唐氏症、自閉症的孩童，或中風與肢障病患等，也常藉由馬術運動來復健。

而在加拿大教練的引導下，我真的對馬術有了煥然一新的想法及全新的體驗，於是，在他離開之後，我開始思索要去哪裡重新找到可以改善並校正我姿勢的教練，便開始每一位教練的課都去上看看，最後我跟隨了幾位教練，他們在觀念及教學上都比較能幫助我達成我所設定的目標，而在他們的調教下，我也因此成功地拿到了檢定考試的獎盃。

尊重馬的過程，其實與企業在對人的管理十分類似。

有一回，美麗佳人雜誌（Marie Claire）幫我做了一個報導，談的就是「馬背上悟得的人生哲理」。就像企業經營一樣，在過程中一定會遇到很多的狀況，每個人的經營法不一樣，但實際上你只要轉個念頭，或是換個方法，就可能可以拓展不同的一個視野或領域。而台灣人太習慣教條式的教法，也就是常常老師說什麼就是對的、教練說什麼就是對的，而沒有自己依自己的情況去調整、思考，所以這方面還是需要學習，也需要運用一下智慧的。

✧膽識加上堅持，就有可能看到不同的風景

我做每件事情都習慣為自己設定目標，要不然花費這麼多的時間、精力、金錢，真的是太浪費了！所以，在馬術上，我設定自己至少要完成馬術檢定B1比賽，幸運地，我也做到了！

記得自己第一次拿獎牌的過程，整個比賽的時候都處在很緊張的狀態，心臟也都快從嘴裡跳出來，甚至緊張到連帽子也忘記帶、手套也忘記……平常習慣在做的事情，一上場真的會因為緊張而忘東忘西。我只好不斷深呼吸，告訴自己要整個冷靜下來，好以冷靜的態度呈現最完美的表現。

後來，我有另外一個教練在指導我的時候，他反而要求我要學會突破，這也是後來促使我去學技擊運動的緣起。一開始我在騎馬時，常會遇到體力不夠，中途便會停下來，沒有繼續跑，教練看到這種情況，便對我說，「我的課這麼貴，妳不要浪費時間！」對他來說，他當然希望教出來的學生的成績很好，所以不斷督促。在這樣的壓力下，我只有跟教練求情，並請求他：「教練，你不要放棄我，我會努力，請你好好教我。」我不斷告訴自己不能夠放棄，於是整堂課下來，騎了整整一個小時，我都不休息。也為了把

體力練好，我開始學泰拳和拳擊。

透過泰拳踢擊訓練，在騎馬的時候，因為我的腿變得有力，推牠前進時，牠才容易有感覺，以前腿太瘦又沒力，在進行推的動作時，一匹重達五、六百公斤的馬根本感受不到，漸漸地，教練也看到我學泰拳的成效及所帶來的進步，沒想到也帶動馬術教練們也跟著去學泰拳與拳擊，因為他們看到我在騎馬上面的進步，可以說，我的每一項運動，雖然都看似不同，但其實都有連貫性的。

我所學的是馬場馬術（Dressage），也有人翻成「盛裝舞步」，屬於馬術三項賽之一，這個過程中，人著盛裝、馬踩舞步，騎手和馬匹之間展現出協調融洽，流暢灑脫的韻律，具有很高的觀賞性和藝術性。不過由於馬術在台灣不算普及運動，所以一般人會覺得騎馬看似很輕鬆，卻不知道這項運動十分需要體力，因為得長時間騎乘及維持一個姿勢，並必須高度專業技巧的一項奧運運動項目。

除了這些之外，膽識也是馬術不可或缺的重要項目。教練告訴我，「妳若沒有突破妳的膽識，妳就沒有辦法把這匹馬駕馭好！」這是因為馬兒會跑、會衝，身為駕馭者，不能任憑牠橫衝直撞，所以不能怕，怕的話，馬也會清楚感受到你的恐懼及緊張，會連帶影響牠，跟著緊張不安、動來動去；所以很多人無法將馬騎好，甚至騎到一半就中途放棄，很大一部份的原因是因為膽識不夠索性就放棄了，或者是怕摔下來而放棄。

事實上，儘管有時候，馬兒會有些突發狀況，其實你只要抓緊，不要讓自己從馬背上摔下來，就沒事了。教練教我很重要的一堂在於，「不管馬兒發生什麼事，你就記得，要牢牢地抓著牠，毛也好、身體也好，不管抓住什麼東西，就是不要讓自己被摔下來。所以一旦上了馬背，要學的就是膽識。」

膽識在職涯也是不可或缺的重要項目，就像創業也是需要膽識，而一旦站上職涯，或是一旦站上創業之後，不管遇到什麼狀況，也是像在馬背上，hold住、堅持就對了！有時候，堅持、沒有放手才會有機會看到不一樣的風景。

不過，若你是處於創業將錢燒光了、熬不下去的情況，那麼也許我會建議你轉個方式看，不見得要堅持，畢竟創業講求的是「天時地利人和」，這些真的缺一不可。

✧ 體育贊助，期盼選手得到支持，也希望台灣體育能蓬勃發展

學馬術時，有段時間我每晚做惡夢，而且只要坐上馬就會覺得有壓力，但慢慢去學習面對自己的恐懼，並且相信專業聽從教練的指導，就能減少傷害和恐懼。當看到自己

的進步及越來越接近目標時，也同時會獲得成就感。

現在，我除了喜愛馬術運動外，也致力參與推廣在台灣的馬術運動，並擔任中華民國馬術協會常務理事，二〇一六年與二〇一七年贊助國際 CDIY 青年馬場馬術錦標賽暨 CSIJ-B 青少年障礙超越錦標賽，以及協辦二〇一七年「馬場町馬術錦標賽」結合馬術嘉年華，泰國公主盃馬術賽以及香港浪琴盃馬術賽，幫忙公關新聞發佈、派遣人力攝影、支援賽事宣傳，讓選手、馬術活動有更多曝光的機會。當然這麼做的目的，更希望是讓台灣頂尖騎士能在國內外有大舞臺可以競爭，也希望能讓台灣民眾更了解馬術，並也能親自參與其中，還記得某次活動現場舉辦了迷你馬騎乘活動，就看到家長帶小孩大排長龍，都想體驗騎馬樂趣。

長君小叮嚀

想要做什麼樣的工作，你就要具備這份工作的能力，並不斷的充實自己，練就職場十八般武藝。。

COMBAT LIFE
MUAY THAI

Chapter 5

性別不再是桎梏，展現出女子力吧！

1 放膽勇敢挑戰不同的舞台

人一生的職涯很長，不要只單看眼前一時的事物，讓自己保持在學習進步的狀態中，勇於創新、累積經驗！

近年來，像我一樣的女性創業的比例越來越高，根據經濟部中小企業處二〇一七年的統計資料，顯示女性企業為經濟部中小企業處重要扶持的對象，台灣每三家中小企業，就有一家為女性企業。其實不光是台灣，全球也吹起女力，女力時代來臨，正在改寫全球的社會面貌！

不過，相對來說，女性在創業上，性別偏見仍是全球女性企業家所面臨最大的挑戰，特別是在東方社會，家庭、觀感、孩子等因素仍會對女性帶來創業上的阻礙。

但是，就我自己的創業的過程，我發現創業是能為想兼顧家庭與事業的女性，提供了無限寬廣的人生舞台外，我身旁就有不少成功的女性，無論創業與否，都能活出自己的精彩，畢竟，自信是藉由獲得成功能力而來的信念，而這個信念可以促成行動，採取行動助長了自信，自信則藉由努力工作、成功經驗、甚至失敗而不斷累績。

✧ 美麗與自信，創造自己的事業優勢

相較於男性創業，很多人說女性創業會多了股柔性及關懷，而我認為，女性自身的美麗，就是一項特別的創業優勢。

就如我在〈你真的準備好要創業了嗎？〉篇章裡提到的一位以手工蝴蝶結創業的女性朋友，她就是加拿大華裔小姐，由於華裔小姐的歷練，讓她的氣質、談吐、儀態大大加分，她一站出來，就會讓人印象深刻，而當她自身顯示出的外在與內涵的優雅，個人形象也會與她的手工蝴蝶結產生連結，讓消費者覺得她的商品超有質感，也會特別有感，甚至有十足的說服力。而她也從事過精品教育訓練的工作，受到這個工作經歷的影響，會讓人覺得她所販售的蝴蝶結就像是一個精品，是一個質感很好的精品蝴蝶結，即便如此，價格卻沒有很貴，予人「物超所值」的感受。

很多人會誤以為強調女性特質，就是非得賣弄風情，或是在衣著上突顯女性特徵，這是錯誤的，我反而會建議用一種專業的包裝，來突顯女性自身的美麗與自信，進而成為女性自己的事業優勢。

我還有一位漂亮的女性朋友，有著一頭相當俐落的短髮，外型十分帥氣，在陽剛氣息很重的德國汽車公司工作。在我心中，她是一個典範，因為這麼漂亮的一位女性，在以男性為主的汽車產業做總經理，不僅得心應手，還十分遊刃有餘，甚至還能從德國、派調到中國，再到韓國，這種經歷相當難得，加上韓國也是男性主導的國家，沒想到還能在四十歲這個相當年輕的年紀被升遷為總經理，真的是太厲害了！

當我這位女性朋友與一群高頭大馬的外國男性站在一起，一眼看到你就會覺得這位女性就是不一樣，真的很厲害。她是一位在德國出生長大的華人，雖說德文是她的母語，在德國公司工作有她既有的優勢，但是一般人對漂亮女生難免會有「中看不中用」的刻板印象，然而每當她以非常流利的德文開口時，她的經驗與專業絕對會讓人折服，並感到欽佩。

像一開始不認識或是不了解我的人，對我的第一印象多半會是：一個個頭小小，打扮幹練的女性。但是，當他們再深入了解之後，往往就會顛覆既有印象，像是：長君是很有內涵的、她是不一樣的女性、她很有想法、她不是只是一個外表漂亮，只會拍美美照片的女生，她是有深度的，有很多東西可以學習的……

儘管女性創業看似有優勢，在創業過程中不分性別，所會遇到的挑戰皆是一樣的，不外乎就是獲取不到資金、缺少對於科技領域的相關知識、難以將企業進一步擴大規模等等。

財報和現金，是創業者理性決策的基礎

我的創業歷程看起來順風順水，但一開始在創業的時候，在財務上仍是有遇到挑戰，還記得當時辦完一個活動，客戶的費用卻沒有如預期地般進帳，但我又必須立刻將費用付給相關廠商，就發生了財務周轉問題，還好，有位很信任我的朋友知道我的情況，馬上借錢讓我周轉付清款項，而我也在客戶一付款時，就立即還朋友錢，才順利解決這突發的難關。

許多人創業的起點，往往是有了一筆母基金就頭也不回地拚命往前衝了，但卻忘了自此之後，其實是必須日日夜夜面對的現金流控管問題，這也恐怕是許多創業者未曾仔

細盤算過的一環，導致不少新創是在資金燒盡後，就再見了，所以，現金流管理是撐到後天重要關鍵，創業就是要想辦法讓每筆交易都能產生正向現金流，談成長才不會有後顧之憂。

此外，正向現金流的產生，有一個很重要的一環，在於「誠信」。

以我剛所舉的例子，拿到客戶的付款，我二話不說立即還款，畢竟自己出來創業，個人誠信與否攸關公司名譽，就算是跟朋友借錢，也是要信守承諾。

很幸運地，這一件突發事件是在我創業第一年就發生，透過這件事，我也為自己上了寶貴的一堂課，除了在每一個合作前，要十分確認客戶的財務金流狀況外，在那之後，我也就再也沒有發生需要借錢週轉的問題了，因為我覺得這樣出現這樣的問題是一件很可怕的事情，同時也會為事業帶來不少的傷害及危機。

現金流量是創業很重要的財務觀念，作為創業的老闆，一定要掌握好現金流量預估表。清楚每月、每週會有哪些大筆現金支出，手上的資金耗損或累積狀況。最重要的是現金何時會進來？能有穩定現金流入嗎？萬一手邊現金不夠，你該怎麼辦？

所以，你的手邊一定要有彈性的現金，足以應付一些突發狀況的開銷，你也不能再一直去接要過很久才拿到錢的客戶，這些對公司的營運都是不好的。換句話說，創業可以短期不賺錢，但一定要有一筆讓你安心的現金在手上。

當然，創業的甘苦很多，無法一下子就能言盡，除了財務，還有行銷業務，甚至人事種種的問題，可以說，創業就是一個不斷在解決問題的過程，透過解決問題而出現的成就感，其實就是創業的迷人之處。

珍惜人與人能夠一起工作的緣份

創業的兩大主軸，不外乎「財務」與「人才」，但我對於人才的看法卻是哪個時期出現的員工，都是老天爺給你的，你也無法強求，能做的反而是不管員工會待多久，都要盡力讓他們有所發展及成長。

通常來 STARFiSH 星予面試的人，我都直接跟他們說，「你們也可以去別家公司面試，等你下定決心要來我們公司的時候，請你再來跟我說，不要來了不久就後悔。」

也因我的態度相當開放及明確，通常會來 STARFiSH 星予面試的人，大都會有備而來，同時也會在事前探聽、甚至詢問以前待過的同事，像是老闆是什麼樣個性？公司待遇？職涯發展等等，這樣的應徵者，不僅容易贏得面試，也會讓面試者感到放心。

每一位員工，無論是正職、兼職，或只是短期實習也好，對我來說都一樣重要，不僅如此，我也希望我的每一位同仁，對待其它同仁也有相同的熱心跟關心。畢竟，人才、合理流動，才不至於使一個企業處於封閉固守的狀態，所謂的「流水不腐，戶樞不蠹」，就是這樣的道理；流動的人像清新的空氣，從公司離職的人，無論他現在職位的大小，也許未來會是個事業相當成功的人也說不定，若你善待他，即便他在這家公司只是短短的時間，也會因為學習到很多東西，會永遠記得自己在這家公司工作的日子，目前我從離職員工身上所得到的回應大都是如此。而正職的同仁，我也常對他們懷著感謝之心，感謝他們為公司所付出的貢獻，就算將來離開，大家還是可以常常相聚，彼此間的緣份並不會因為工作結束也跟著結束。

創業，給了我無與倫比的成就感，隨著案子的增加，客戶的肯定鼓勵，業績提升，與在業界同行間得到的正面評價，都讓我知道，原來我可以做到的還有這麼多，因此，我也鼓勵所有的女性，妳也有選擇可以勇敢挑戰不同的人生舞台，企圖心有多大，人生舞台就有多大！

長君小叮嚀

1. 雖然在當下的社會女性，創業很多是「成也外表，敗也外表」，可是無論如何，專業是一定要具備的，因為外表各方面都是可以藉由後天打造，但專業、內涵跟氣質則真的需要長期培養，畢竟累積出這些真金不怕火煉的元素才能在這個市場有競爭力。
2. 創業之財務管理相當重要，才能明瞭公司賺錢與否，是否能永續經營。

2 以愛出發，能讓人活得更精彩！——鐵人媽媽賈永婕

女力崛起、She 時代來臨，女性，正在翻轉這個世界！在我身旁，就有很多精彩女性！她們不僅美麗、優雅、自信，在工作與生活之間，儘管各自作出了不同的選擇，然而唯一相同的部分是：她們始終正面看待人生，始終忠於自己。而這些女性朋友，她們的經歷，在多種層面上，啟發了我面對事業與生活的態度，從她們的人生裡，我也可以學習到如何讓生命堅強、美麗，更重要的具有力量！

當然，可以分享的女性典範很多，趁著這本書，我先略挑幾位在無論在工作或是生活都不斷散發出正能量的女性朋友跟大家分享！希望大家也能跟她們一樣，精彩由自己定義！

鐵人媽媽賈永婕，在運動上展現過人的堅持

提到賈永婕，大家一定都不陌生，甚至腦海中會冒出貴婦名媛、女鐵人、馬拉松好手、滑雪玩家、露營狂熱分子、創業家等等與她劃上等號的稱謂，這些稱謂一點也不誇張，的的確確是永遠在挑戰自己的永婕所在做的事情，而在我心中，她更是一位全方位的「鐵人媽媽」。

我與永婕會認識是因為運動，最初是好姐妹 Pace 介紹 NIKE 教練在體育場指導教我們馬拉松路跑，沒想到這一跑，我就持續跑步到現在，永婕也是。

其實一開始我對跑步並不是這麼在行，但因為遇到一位好教練 Billy，在他連哄帶騙的情況下，先帶著我去跑河濱四公里，有了自信與興趣之後，再幫我報名九公里的馬拉松，就這樣一路慢慢地增加上去。其間，為了鼓勵我完賽，幫我付報名費的教練甚至對我說：「June，如果妳跑不完的話，記得報名費要還給我！」聽到他這麼說，我心裡想著：「沒關係，還就還，反正我只要從市政府跑到中山北路，之後我就要坐計程車回家！」但是，說也奇怪，當第一次參加路跑賽，到了現場，你會發現所有的人都懷著相當大的熱忱來跑步，當鳴槍一響，跟著大家跑的時候，不知不覺間，你就會被感染，一路傻傻地、賣力地跑下去！也因為這樣，我並沒有從中山北路搭計程車回家，順利跑完我人生的第一場九公里馬拉松。有趣的是，運動完，大腦會釋放大量安多酚（endorphin，或稱腦內啡），這種激素能令人產生愉快感覺。漸漸地，我開始養成跑步的習慣，只要我心情不好或是壓力很大，我就會去跑步，可以馬上擺脫掉負面情緒。

常常有人說要隨時保持正面能量，遇到挫折或是不如意時要學著放下負面情緒，其實這是非常需要學習的，並不是嘴巴上說說就好，就我個人而言，除了常跟想法正面的朋友相處外，跑步也是一個很棒的方式，會帶你擺脫負面情緒、往好的方向思考。

透過跑步，我認識了永婕跟他老公，他們在馬拉松之後，又再晉級三鐵，將運動項目與範圍擴及到游泳及騎腳踏車以及參加國際賽事，雖然我在跑步後，也有騎腳踏車，但是真的要完成三鐵項目，還真的非常需要恆心、毅力與體力，並且要自我突破、做別人所不能。而更重要的是，要設定目標，達成它、完成它，這就好像人生一定必需經歷的一些重要事情，藉由賽事設定運動目標，不但更有趣，也間接培養意志力。

✧ 用愛調味，經營工作與家庭

然而永婕最令我驚訝的，她不僅在運動上展現過人的堅持，對運動更是深度的投入，而她同時還是一位企業家，更煮得一手好菜！忙碌如她，很難相信，她每天早餐都會起來親手做愛心早餐給孩子吃，就連晚餐也是！還記得有一次，我們在完成九公里的馬拉松比賽後，她邀約了我們前去她家聚聚，原本以為賽事完畢大家都累了，去她家不過就吃個簡單的早餐，吃點吐司配個飲料。結果一進她家，我們都驚呆了！一整桌的滿漢全席，又是烤羊排、又有牛肉、還有豐富的水果……琳瑯滿目的一桌佳餚，全都是她親手做的，頓時讓我對她佩服得不得了！後來又去了她家幾次，永婕總是熱情款待，好菜不斷，我才知道她的好手藝是承襲自母親，也因從小就會做菜，像是螃蟹粉絲煲這一類的大菜也難不了她！看到她精湛的廚藝，也激發了我學習廚藝之心，跟著姊妹淘好友Lily去名廚傅培梅老師的女兒程安琪老師那邊上課，勤做筆記，回家後自己再勤加練習。

我在學廚藝的時候，因為永婕有出過食譜書，於是我便好奇地問她說：「妳做菜有什麼訣竅？怎麼每一道菜都能這麼美味！」永婕只告訴我一句話：「秘訣就是——愛的料理。」其實不光是做料理，任何事情只要是投入愛去完成的，不管是食物，抑或是事情，都會變得格外出色！受到她的感染，我現在也經常在家裡烹調「愛的料理」，並邀請我親愛的家人和朋友一起享用，幸福美滿的家庭就是要靠智慧經營。

永婕是位親力親為的人，並不只是掛名，或是投資不管事的老闆，她甚至會請員工幫她化妝，讓員工清楚知道哪裡畫得好、哪裡畫得不好，十分積極與員工溝通與討論，讓服務到位，並且盡善盡美。

而在成功的事業之外，她的家庭也經營地有聲有色。她的三個孩子，都非常有禮貌，非常討人喜歡。當大人聚在一起講話的時候，她的孩子們總是拿著書在一旁乖乖讀著，完全不吵不鬧。到了睡覺時間，他們也會自動自發，回到床上睡覺。對孩子的教育，永婕堅持「小孩在哪、自己就在哪」，也就是以身作則，在與孩子溝通時，她也會引用很多道理引導他們了解。

我發現，如果一個人能在自己的專業崗位做得不錯，表示他的基本態度是非常好的，今天不管如何轉換位置或是角色，都還是能做得很好。以永婕為例，她的專業有目共睹，家庭事業又能兼顧，就連運動也有一番成績，正所謂能幹的人，做什麼都會有好成績。

長君小叮嚀

1. 用愛做的料理，現在就自己動手買菜洗手作羹湯，做菜也是一種很療癒的方式。
2. 如何能兼顧家庭、工作、嗜好等，時間的分配運用，與家人的協力配合，正向溝通與培養的習慣，才能成就圓滿快樂。

3 勇敢面對選擇，活出自信與美麗

不管多小的工作機會或是打工經驗，只要抱持著學習心態，都能從中獲得成長的養分。

常常會聽到有人對我說，「June，好羨慕妳，可以全世界到處跑，好羨慕妳，可以學馬術、學拳擊……不僅能享受妳自己的時間，做的事情還都是自己喜歡的……」其實，我並不是銜著金湯匙長大的，但是經濟的自主卻讓我有了選擇的自由，有了可以自己支配的時間，我可以選擇自己的愛好和朋友、可以選擇自己喜歡的生活方式。但是，這一切並非憑空而來，都是我之前的努力累積出的結果。我周遭的朋友及我的家人，瞭解我的家庭背景及生長環境的人，都會認同，「長君今天擁有的一切，真的是靠自己努力得來的。」

✧ 珍惜每一個打工經驗，從中學習

其實我開始工作的時間相當早，或者可以說，我很早就開始規劃自己的人生，也十分積極地要讓自己的人生能夠更多元，當然，很多人會以為這是因為我創業地早，所以才能提前收割，但是在創業，或者是踏入正式職場前，我從學生時代開始就累積了打工經驗。

好比說，我在高中暑假，就會找離家近的地方打工，我就曾經在暑假期間在泡沫紅茶店當服務生賺自己的零用錢。後來，我有一位很厲害的同學，是位室內設計師老闆，他本身就是一個天才，在3D動畫尚未流行前，他就會了。那時我們都很年輕，大家都想趁著年輕時多賺一點錢，所以他也接了不少案子在做，後來，因為他要出國留學，他便把案源轉介給我，其中一個就是替麥當勞畫海報。由於我家住基隆路，與國父紀念館附近的麥當勞有地利之便，我便爽快答應，每天都去那報到，麥當勞的店經理就會派給我各式各樣的大小海報，我再拿回家，每晚不停地畫，靠著畫POP海報，賺到不少零用錢與免費麥當勞兌換券。

有次有個機會到君悅飯店打工，是因為我有一位女生同學，在飯店做長期的工讀生，那一天，飯店突然接了個大場子，急需增派幫手，女同學就在班上詢問大家是否有意願趁此機會去打工賺錢，於是我們一票同學好玩就去了飯店。一到現場，飯店會先給我們教育訓練，像是盤子怎麼端、怎麼拿？從客人哪個方位上菜、西方餐桌禮儀的擺設，刀叉要怎麼擺？酒杯要怎麼放？當然這些擺設不用我們去配置，但執行教育訓練的主管卻希望我們透過這些知識，能理解並學習到西餐的基本概念。像我到現在都還記得，端盤子的手，要用虎口拿著、然後放下，服務生上菜時一定要從客人的右邊放，而收盤時一定要由左邊，除非剛好客人的座位是靠著牆壁，否則一定得照這個禮儀……君悅飯店對國際禮儀相當講究，同時也提供我們每個人制服，希望能呈現出一致性、有品質的質感。經過一天的訓練及實際工作，結束後讓我除了學到西餐的餐桌禮儀外，也讓我了解端盤子這項工作，看似簡單，但是服務人員卻是相當辛苦的，一天下來，全身痠痛真的不是蓋的。有時難免會遇到餐廳的服務人員服務不到位，但正因為我體會過這份工作的甘苦，對於沒有去做過這份工作的人，其實是不應該任意批判這個人的服務好不好、到不到位的，這都要看公司究竟有沒有投入心力替他們進行教育訓練。

當時的同學們都挺愛打工的，只要打工的地方缺人手，就會立即吆喝同學一起去，所以連麵包店，我也去打過工。當時我在麵包店的工作很輕鬆，只要負責收銀、把客人買的麵包放入袋子裡，負責麵包檯的清潔、擦麵包屑，真的很容易，就連當天沒賣完的麵包都能打包回家當隔天的早餐，但我大概做了一週就沒再去了，因為沒有挑戰性，但無論如何，對我而言，都是一個很好的經驗累積。

現在的父母對小孩較為保護，也怕孩子吃苦，因此不太支持他們去打工，甚至覺得堂堂大學生，怎麼能夠去做這樣的工作呢？但是，我認為各行各業，無論是什麼工作，都有它值得學習的一面，每一份工作都有可能會催生出一位達人，即便是清潔工，清潔的學問與技巧也十分多，所以職業不分貴賤、職務不分大小，真的要學習尊重每一位職人，也不要小看每一位職人。畢竟，天下沒有不勞而獲的事，也絕對沒有白吃的午餐，你看每一位老闆都這麼的辛苦，他付出的時間跟精力絕對比你想像的要多。

年輕時期的打工，不管類型、不管時間長短，只要你肯用心，都能成為學習，也能成為將來成長的養份。不過當年齡漸長，開始正式踏入職場後，就要了解在自己的時間有限、體力也有限的情況下，要如何把握時間，增加自己成長的機會。

將所學融會貫通，勇於分享活出自我

很多人說我現在比以前更有自信、也更漂亮，我想合宜的穿搭絕對加分不少，這些知識也是從我過往的工作經驗裡累積出來的。過去，我在 Guess、Replay、Benetton 工作時，鞋子與包包便會被歸類成配件，可是當我轉換到 NINE WEST，就會發現鞋子的每一個設計都與衣服的設計是互相呼應的，之後我轉職到 L'Oreal，就知道在今年的時尚趨勢裡，服裝、鞋子跟妝髮要如何搭配，這就是整體美學概念。

我並不是天生就會打扮的人，而是靠著一路工作的經驗讓我能夠有今日的樣貌，也因此現在有越來越多人說：「長君，妳現在越來越年輕！」或是「長君，妳真的有活出自我的感覺！」其實，我只是把我所學的經歷融會貫通而已。

長君小叮嚀

1. 外表打扮很容易，內在培養更重要，外表會看膩，培養內在涵養給自己獨特的品味。
2. 不要浪費每一次的打工機會，用積極彌補經驗、用主動彌補專業，打工就不再只是打雜，而是進入職場的關鍵踏腳石。

4 相信自己，勇敢追夢，並且全力以赴！

——美傑仕集團副董事長陳美彤、逆齡女王陳冬蓮、陽光辣媽Janet

有能力的人，做什麼就會像什麼，就算今天轉換到不同的角色、有不同的任務，也是能夠做得非常出色的！相信自己、勇敢追夢、全力以赴，就是這麼簡單！

運動對我來說，是紓壓的管道，是生活中不可或缺的部份，因為運動，我也認識了不少同道好友，美甲品牌OPI網路事業部的副董事長暨網路事業部總經理，同時擁有「美妝界的運動家」之稱的陳美彤（Kimberly），也是我的運動好友。

在台灣，喜歡美甲、愛漂亮的女生一定對專業美甲品牌OPI不陌生，而將這個國際知名美甲領導品牌引進來台的，便是美傑仕集團。

✧ 成功將時尚與運動結合，讓人見識另一種美麗

陳美彤（Kimberly）是快艇衝浪（Wakesurfing）亞洲巡迴賽韓國站的女子組冠軍，除了快艇衝浪、健身，她也跳舞，Kimberly 本身是騷莎（Salsa）高手，而我因為沒有投入研究騷莎這個舞蹈的文化歷史與背景，我跳出來的味道就沒有像她那麼到位。

當然，Kimberly 最厲害的是寬板滑水，足跡遍及關渡外海、微風運河、社子島，後來更進階到澳門與韓國參加比賽，不僅在二〇一七年拿下亞洲巡迴賽最終站韓國的冠軍，同時也是二〇一八年台灣盃 Women Slalom 自由曲道女子冠軍！當然，我最佩服她的一點在於，她還在台灣舉辦滑水比賽，以打造明星的方式去做，為參賽選手拍攝宣傳照，並結合運動、美妝、時尚，讓台灣人對女性運動員改觀，不會因為運動，就變得蓬頭垢面，而忽略了保養及打理自身的美麗，也因為她成功將時尚和運動結合，讓大家見識到：「不是只有身穿名牌、懂得化妝才是美！」

從 Kimberly 身上，我看到，女人的快樂和自信不是只單從另一半或孩子而來，必須有一個出口是留給自己，一個讓自己 enjoy 並屬於自己的舞台，即便她已是兩個孩子的媽，一樣能夠追夢，這並不是專屬於年輕人的權利！

✧以活力、逆齡定義自己的「新年輕」

年齡從來不是問題，快樂和活力也都不應受限於年紀數字，從我以前的長官陳冬蓮身上，更可以看到這個精神！

為台灣迪生行銷經理，到後來創業從事服飾品牌代理，在服裝界深耕三十多年的她，五十七歲那一年才開始接觸瑜珈，沒想到，一碰就著迷，無論做什麼事都是全力以赴的她，就把過往拚事業的衝勁用在瑜珈上，甚至還讓瑜伽教室為了她取消五十歲以下才能上空中瑜珈的規定。

截至目前為止，她已經拿了四張瑜珈師資執照，還期許自己七十歲時要出來教課，開創自己的新生活。實際上，她也是我的偶像，十分信任我，看到她這麼有活力，真的非常鼓舞人心！

有一天，她約我喝咖啡，主要是要謝謝我幫她推薦做了一個報導，那是天下文化《50+好好：顛覆年齡新主張》的專題，報導出來後，反應非常的好，也因為這樣，為她開啟了新的視野；二〇一八年 Lancôme「LOVE YOUR AGE」計劃，找了三位在網路引起熱烈討論的「新年輕」女性，其中一位就是她，希望鼓舞更多女性能勇敢聆聽內心的聲音，超越自我、實現夢想，自己的「新年輕」美感與狀態，可以由自己定義。

✧ 用功又敬業，成功詮釋每一個角色

另一位讓我相當喜歡及佩服的女性，是笑容陽光的藝人Janet（謝怡芬）。謝怡芬（Janet）剛來台灣的時候，一開始是從事模特兒的工作，恰巧就是朋友公司經紀的模特兒，也因為這樣，朋友就把她介紹給我認識，那時朋友的經紀公司才成立不久，所以一有案子，我們就常常互相幫忙、彼此引薦，Janet謝怡芬就是其中之一常會合作的模特兒。

對Janet的初印象，覺得她很健康、很陽光，也很男孩子氣，由於朋友相當欣賞她的個性，常常誇獎她，並告訴我，Janet不僅人漂亮，書也唸得好，從麻省理工學院畢業，是個非常聰明的女孩子。剛好那時Benetton忠孝店要開幕，需要找一位能夠中英文雙語主持的主持人，於是我就敲了Janet的通告，朋友也爽快答應，沒想到在雙方對流程時，竟然才發現一個大問題：那就是Janet她看不懂中文！

這下問題大了！因為我們的流程及講稿都是用中文撰寫的，並沒有英文的版本，由

於平時我和她聊天，她都是講中文，讓我誤以為她中英文都應該沒有問題，完全不曉得她其實看不懂中文！

正當我們在煩惱不知該如何解決的時候，Janet 主動請我協助，並詢問我：「June，你們要講的內容是什麼，可否講給我聽，我用英文拚音把每一個字記下來。」相當聰明的 Janet，就這樣用拚音的方式，把講稿裡的每個字拚湊出來，然後再由她的助理協助，完整地唸一遍給她聽，她就硬背在腦海裡，驚人的是，整個活動流程需要注意的事項，即便她不能完全理解，透過我們及其助理的協助，她也認真地去了解，並將全部的細節都記在腦海裡。就連在彩排的過程中，講了哪些事情需要格外注意及留心的，在當下，她也可以立刻記住，並且馬上進行調整、更改。她的認真及臨場反應，完全解除了危機，也讓我對她留下「這個女生很厲害、很聰明」的良好印象。那場活動，可以算是 Janet 來台灣的第一場主持活動。

後來，在二〇一一年，我接了一個大案子，是專業彩妝品牌 M.A.C 的國際記者會，以往每一次的國際級記者會都會選在北京或香港舉辦，為了讓台灣與全球同步領略二〇一一秋冬彩妝趨勢，當年的活動就舉辦在開幕不久的 W Hotel，M.A.C 首次在台北舉辦盛大彩妝趨勢發表國際記者會，此精彩盛會吸引了全亞太區各國包括：中國大陸、香港、韓國、新加坡、馬來西亞、菲律賓、泰國、澳洲、紐西蘭、越南等超過五十家國際媒體，特地飛到台北，共同感受 M.A.C 年度精彩時尚盛典！而這場活動的主持人，就是 Janet。

這時候，再碰到 Janet，她不僅更有自信，台風也相當穩健，想當然，台詞也都已經背好、事前做好萬全的功課，正因她是如此的聰明，只要在彩排時，將需要注意的地方跟她說，她一定會全部都記下來。Janet 就是這樣一個很用功又很敬業的女孩子！

現在看到她出色的演藝成績，我是相當替她開心的，更難得的是，Janet 這一路上，始終保有她原本的本性，並沒有因此現在的成就便變得驕傲，或是態度一百八十度大轉變。如今 Janet 結了婚，也生了寶寶，相信不管是什麼樣的角色，她一定也都能扮演得相當出色！

長君小叮嚀

1. 當你年老時是否也能活出自信與動力，正所謂：「活到老學到老」，沒有什麼是年齡限制不能做的事。
2. 美麗自信的外在是由內心涵養所呈現，愛自己，把自己照顧好，周遭的人也會受影響，生活會更加陽光美麗！

5 將家庭當成事業來經營的智慧

前一篇分享了我身邊幾位將事業及家庭皆經營的有聲有色的傑出女性朋友，其實我身邊還有多位非常出色的女性，是全職家庭主婦，她們將家庭當成事業在經營，一樣也表現得相當亮眼。

我有位認識將近二十年的好閨蜜，有三個小孩，同樣也是做什麼就像什麼的聰明女孩。在未婚前，她有相當不錯的事業，但她一旦決心要踏入婚姻、要生養小孩，就毅然放棄工作，全心投入，做好一個全職的家庭主婦。她的個性相當大方，還記得她在家裡坐月子，小嬰兒出生才第四天，她就讓我抱她的孩子。為了將小孩帶好，她花了很多時間在研究，無論是小朋友喝的牛奶、用的奶瓶，大大小小的細節，她都會深度去研究哪些才是對孩子好的，並且適合他們的。

待小孩大了，她就開始研究小孩要唸哪所學校，還記得我去拜訪她，住在她家，中午我們一起吃午餐，吃完飯後，四點鐘就去接小孩下課。在接孩子回來的路上，她會孩子閒聊，「今天，你在學校學到了什麼啊？老師教了什麼？」就開始與孩子開心地互動起來。

回到家之後，先幫老大洗澡，再哄二兒子，一手還抱著最小的嬰兒，然後不斷跟孩子互動，一直到晚餐時間，她還不疾不徐地要先哄孩子吃飯，然後上床睡覺。每一個孩子她都是親力親為，等忙完小孩的事情，她才和我一同出門用餐。用餐時，她把她親手做的小孩行事曆攤給我看，Excel 表格上頭清清楚楚記載著三個小孩的行程及時間表，而只要是周末，她自然也會安排很多親子活動，像是去樂園、公園之類的，她就是把她以前對工作上的要求跟態度，移轉放在她的家庭生活裡，在她的眼裡，家庭也可以算是一個小型企業，當中的運籌帷幄與時程安排，也是可以非常的系統化與工具化地去做執行的。

很多人會覺得照顧小孩，不過是雞毛蒜皮的小事，但是我真心覺得要把小孩照顧的好，並不是件容易的事，養一個小孩可不是漂亮可愛就好，要把小孩教得有禮貌又乖巧，其實就必須像是經營公司或是工作般用心，並要了解育兒原則、設定目標，才能做到。

孩子的禮貌、品德或觀念，若不正確引導就會影響他一輩子，父母除了要確認在孩子成長的每個過程都是正確的，更重要的是，關於孩子的教育，你願意投注多少關心，而不是完全沒教導，就下了「我就是拿他沒有辦法」的結論。

很多媽媽視帶小朋友出國為畏途，不外乎就是擔心小孩狀況百百種且不可預測，但我這位朋友，不僅一打三，還跟我和老公，她的爸爸媽媽、弟弟一起自助旅行，整個過程相當順利，大人小孩皆盡興。說穿了，她的訣竅很簡單，就是除了大人的行程以外，也會把孩子想去、適合去的行程納入規劃中。安排讓孩子發洩精力，有參與感的活動外，她也會細心安排大人小孩可以同去的遊樂園，像是宮崎駿的三鷹博物館，這樣就連大人也能玩得十分開心。

換句話說，她將所有人的需求納入，並做了很好的行程規劃，小孩的行程對大人來說不會干擾，同時在家人輪流協助分擔下，彼此都能滿足到自己的遊玩需求，自然也會願意一起出門，不會在旅程中出現太多的抱怨。他們一家人的感情非常好，也讓我看到家庭教育遠比學校教育來的重要很多。

當然，能做到這樣，還是回歸到我上頭所說，我這位閨蜜是位個性大方的人，她對孩子不會出現過度的控制及佔有慾，若朋友想抱抱孩子，她會很樂意讓人抱著孩子玩，不會過度保護，這樣的態度反而讓人能放心地與孩子互動，因此，我十分樂意跟她的孩子們相處、打成一片。在她悉心及開放的教育下，她的三個孩子不僅活潑，還很容易相處，見到陌生人也不會胡亂哭鬧，相當成熟懂事。

我另外一位好友的小孩也是如此，每一次我在北京和他們夫妻聚餐，吃飯時，兩歲的孩子端坐在旁，不吵不鬧；一般來說，很多父母怕小朋友肚子餓，所以即便是重要宴席，也是先讓小朋友吃，然後大人才吃。但這位兩歲的小朋友，卻懂得等大人開動他才能開動的道理，就算有時出點情況，菜未上就要開始哭鬧，媽媽也會立刻將他抱去外面，讓他安靜下來，等開始上菜，才讓孩子吃飯，而這個兩歲的小孩，一進門看到人就會自動叫叔叔、阿姨，真的是我看過最厲害的孩子，也因為父母相當重視禮節，從小就開始教孩子，加上孩子很聰明，真的是你教他什麼，他就會什麼。

我的爸爸、媽媽跟曾獲模範母親表揚的祖母的身教，也對我影響甚鉅，從他們對我的教導，不斷幫我灌輸正確想法，也影響我後來在職場上的表現，好比說就像我非常重視職場倫理，在職場上不會想要隨意頂撞上司，即使不見得跟主管的看法是一致的……這些觀念，其實都是從家庭教育而來。

從小在家裡，我們小孩就被教導要拜祖先，也要跟爺爺奶奶磕頭的，見到人更要主動說吉祥話；二〇一七年，我回到故鄉山東，發現那裡的親戚做得更道地、也更徹底，也許就是像這樣子的薰陶，才讓我們出社會，常被誇讚有家教、有禮貌，像我的大弟、二弟、妹妹這方面也都不用別人教，在家庭教育潛移默化下，自然而然就做得非常好。

小孩的家庭教育與未來的求職態度有關係，就像看到人會主動打招呼，這是打小就該培養的禮貌；又如餐桌上的次序，也與當有貴客前來時，誰該先坐有關……這些看似枝微末節的事情，都是職場上不能忽視的基本概念，不僅是秩序倫理，也是公關技巧。創業當了老闆之後，我發現很多年輕人都缺乏這一塊，而已具備的人，絕對是需要從小就培養出來。

不管是全職家庭主婦也好，是要兼顧工作與家庭雙重角色也好，女性，在肩負母親這重責大任的同時，也都有選擇可以勇敢挑戰不同的人生舞台，孩子絕不是限制，而是妳強而有力的幸福後盾，妳都有權利活得精彩，就端看妳自己如何安排！

長君小叮嚀

1. 不少女性會認為，當家庭主婦很犧牲，但我的閨蜜選擇當全職主婦，是因為她想給孩子一個最快樂的成長回憶，對她來說，她並沒有放棄工作，只是選擇把家庭當成自己的工作，所以，只要妳是心甘情願，家庭事業怎麼選都好，小孩的養成也是人生最棒最值得的投資。
2. 落實家庭教育，對孩子的人格品行栽培，將會是孩子未來在職場上的助力。

結語

活出你的精彩人生！

我有位朋友，是我之前的員工，離開公司之後，她想成為航空公司的機師，於是就參加考試並到美國受訓，很可惜地，由於她的近視太深，也無法矯正，所以就沒能通過考試，成為正式的機師，不過由於她的成績很好，她成為領航員，負責導航，為駕駛員提供準確的方向，以免飛機「迷路」，或誤闖禁區領空。

✧轉個彎，也許路會更寬廣

她最近結婚，先生是航空公司的機師，她在下班之後就化身為部落客，分享自己有興趣的事情。雖說沒有通過機師考試，讓她一度覺得沮喪，甚至身旁還有人問她，是不是性別歧視，才沒讓妳成為機師？但是她後來發現，自己還蠻開心這樣的結果，因為老公在空中飛，就已替她圓了夢想，而她現在有自己的下班時間，還能寫寫部落格、做做網拍，開創自己的「斜槓」生涯，「換做我和老公一樣，得常常這樣飛，恐怕我就沒有餘裕及體力斜槓人生了！」朋友開心地跟我這樣分享。

我分享這個故事是想表達，我的朋友最初是因為視力的關係，讓自己原本很想做的事情受到限制，但她卻能為自己轉了另外一個方向，反而可以做的事情就變多了。正因她很年輕，看待每一件事情的態度也很正面，原本看似負面的事情就自然往好的方向走了。

記得我看過一本書，書裡頭說悲觀與樂觀是人類的情緒及思考模式，所以容易受到後天影響，但是這並不代表沒有任何先天性的影響，一個人樂不樂觀多少也會與基因有關，所以我還是十分好奇詢問了我這位朋友，「為什麼妳總是這麼樂觀、正面？」

她告訴我，主要是受到媽媽的影響，因為她的媽媽是從事心理輔導諮商的工作，常常去企業做教育訓練，聽完了她的分享後，我覺得很棒，便想和她的母親碰面，並看看是否有機會邀請她也來我們公司上課，告訴大家要怎麼紓壓。

要常保持正面、正向能量其實不是那麼容易，像我除了藉由運動紓壓，再來便是旅行或是和具正面能量、多元又有趣的人交流、接觸，從他們身上感染正面能量。

找到所要，堅持下去

台灣由於媒體生態的關係，很多大師級的採訪都是免費的，但是在國外，若是要採訪像 Philippe Starck 這類重量級的大師人物，其實是要付費的。所以，當初他為了 S Hotel 來台，在我們極力爭取下，增加到願意接受四家媒體訪問，訪問過程法方也十分嚴謹，訂立了詳細的時間流程，像是訪問歸訪問、時間是多長、拍照歸拍照、時間是多長，現場還出現計時器，嚴格控管每一分每一秒，所以他的採訪完全在考驗時間控管的能力。

訪問的時候，只能四家媒體記者排序輪流進去，裡頭只有 Philippe Starck、他的經紀人（也是他的太太）及要採訪的記者，其餘閒雜人等都不能進去，大家壓根都不知道那個房間裡頭究竟發生了什麼事情。

於是，在整個活動結束後，我就再安排了一個飯局請大家吃飯，記者朋友們就會跟我們分享在裡頭所發生的事情，相當有趣。由於每位記者的媒體屬性不同、個性也不太相同，他們就會有不同的切入角度及觀察方向，像是有位記者，因為他自己身上有刺青，他便對同樣在身上有刺青的 Philippe Starck 非常好奇，「為什麼想要刺青？選擇這個圖騰的原因？這個圖騰有什麼意義？」諸如此類的有趣問題。

而我印象最深的則是，Philippe Starck 今年已經六十九歲了，但仍經常被重金禮聘跑全世界去做設計，就像是有顆赤子之心的老頑童，問他工作幾年？答案是：「五十年了。」一聽到工作五十年，記者相當訝異問他，「你難道都不會覺得無趣或是有倦怠產生嗎？」Philippe Starck 回答，他就是把他的工作當成他的活力來源，有這樣正向的思考，才能這樣一直保持下去。

無論是興趣還是專業，不管你選擇了什麼，一定就會有伴隨而來的責任跟挑戰，千萬不要因為壓力而放棄，也別忘了要隨時保持正面能量，我覺得「抗壓性」是年輕人比較欠缺的，所以才希望藉由這本書分享我過往的經驗，並鼓勵年輕人找到你要的，然後堅持下去，世界才能可能越來越寬廣。

✧ 成功，不忘感恩

我分享 CHARLES & KEITH 的故事時，提到一位一起合作的服裝設計師江奕勳（Angus Chiang），他的竄起其實令所有人感到驚訝，因為沒有出國唸設計的學習背景，他卻成為各家媒體爭相報導的話題人物，甚至引起許多企業的關注，願意主動去贊助他，更讓大家好奇，「他究竟是什麼來歷？」

記得國際時尚雜誌 Vogue 去專訪他時，好奇地詢問他：「為什麼你的公關活動都是找長君？」Angus 回答：「長君是我的第一位老闆，也是我永遠的老闆。」即使現在他已經自己創業當老闆了。

曾是我特助的 Angus 告訴我，他的人生第一場秀會在倫敦時尚週舉行，一聽到他這麼說，我二話不說跟他拍胸脯保證，「我會去到場支持你！」Angus 還有點不敢置信地問，「真的假的？」他非常感動，因為這將是他人生非常重要的日子，而我竟然一口就答應他會過去支持。我的想法除了是欣賞這位年輕人，當然也是十分感謝他對我的看重，自然是親身到場才足以表示我的誠意。沒想到，到了倫敦，現場真的只有我這位貴賓依約前去，其它邀請的貴賓，可能都因路途遙遠而作罷。

活動結束後，我開心地跟 Angus 說，我幫他訂了倫敦最好的酒吧慶功。事實上，我們出發到倫敦前，就開始在下榻的飯店附近尋找，是否有合適的地點可以在服裝秀結束後，為他與幕後團隊們辦慶功派對。Angus 的個性非常害羞，也不太擅長面對媒體，我人在旁邊，就等於是對他的支持鼓勵，晚上慶功的時候，他及幾位從實踐大學來協助他的同學們都很開心，他還跟我說，「老闆妳知道嗎？我還參加了 LVMH PRIZE 時尚設計師比賽，已入圍前二十強！這是史上第一次有台灣人入圍！」聽到這個消息，我實在太開心，也太替他開心了，由於那時候還沒有確定，我告訴 Angus，「等確定後，我再幫你發新聞！」

與 Angus 結緣，是因為學學文創的課程，他那時候是我的一位學生，第一次看到他，我就覺得這個男生實在太有趣了，不光是造型很前衛，還染了一頭黃、綠夾雜的髮色，就連衣服的顏色也都格外醒目及特別，留給我相當深的印象。突然我靈機一動，想說：「公司不就是需要這種有創意的人嗎？」我便開口詢問他要不要來當我的特助。

在我身邊工作一陣子後，Angus 又回到學校，專注於他的創作，雖然沒有進入過服裝公司工作或實習，Angus 卻靠著自己所學，設計了非常完整的服裝系列，甚至怎麼辦秀、活動接待等，他也因為曾經在 STARFiSH 星予參與學習過，做起事來變得非常有條理及有系統。

一路看著這位優秀的年輕人成長，但最讓我感動之處，在於Angus始終是一個懂得感恩的人，除了在雜誌訪問時特別要求要tag我，他對於每一個幫助的他人，也始終懷抱著感謝之心，這其實是非常重要，也是相當難得的。

結好的善緣，認真積累，會讓你的人生更精彩

有人問我，「June，公關對妳來說，有什麼意義？」

說真的，我沒想太多，公關在我的人生裡，扮演了什麼樣的角色。我想，我是個愛挑戰、喜歡解決問題的人，所以很多人對STARFiSH星予曾舉辦的許多場活動有印象，如酒商第一次有路跑活動，讓跑者穿著蘇格蘭裙邊跑、邊體驗蘇格蘭文化，我想，應該有不少男生很想藉由此活動機會體驗穿裙子吧？

此外，策辦另外一場高雄路跑活動原本是要以歡樂開幕形式來舉辦，卻在同時遇到高雄氣爆，於是客戶馬上將報名費公益全數捐出。其實還有很多其它的例子，在此就賣個關子（或許等到我的第三本書再做進一步的專題分享？哈哈）這都是公關工作的危機

處理重要一環，也滿足了我愛挑戰及解決問題的個性吧？

再者，身為長姐，從小我就是那一種很愛照顧別人的人，甚至還帶點雞婆的個性，但這是與生俱來的特質，我想改都沒有辦法改，也因為這樣，在我心中始終認為「工作只是一時的，帶著真誠跟人互動，待客戶如朋友、家人，才是更重要的事。」

因為我喜歡從每一個人身上去觀察、學習對方的優點，這些學習而來的成長點滴，也都讓我堅信，結好的善緣，會讓你的人生更精彩。

因此，在本書的最後，我不再做任何的小叮嚀，只想和本書的讀者分享我常常和自己員工分享的一句話：「人生其實就是由不同階段所組成，你在每個階段都盡心盡力做好，老了之後，你再回顧起來，才值得回味！」

也許，年輕時，你不會在意自己究竟做了什麼，也不會太在意自己究竟累積了什麼，人生的精彩與否，真的就是這些前面的積累所形成的，期許大家都能懷有正能量，活出自己的精彩人生！

國家圖書館出版品預行編目資料

自力時代！公關教主于長君教你如何創造自我價值,打造亮眼的個人品牌 / 于長君著. -- 初版. -- 臺北市：春光, 城邦文化出版：家庭傳媒城邦分公司發行, 民108.03　面；　公分
ISBN 978-957-9439-57-2(平裝)

1.創業 2.職場成功法

494.1　　108002192

自力時代！

公關教主于長君教你如何創造自我價值，打造亮眼的個人品牌

作　　者／于長君 June
企劃選書人／張婉玲
責 任 編 輯／張婉玲
採 訪 撰 稿／洪明秀

版權行政暨數位業務專員／陳玉鈴
資深版權專員／許儀盈
行 銷 企 劃／周丹蘋
業 務 主 任／范光杰
行銷業務經理／李振東
副 總 編 輯／王雪莉
發　行　人／何飛鵬
法 律 顧 問／元禾法律事務所 王子文律師
出　　版／春光出版
城邦文化事業股份有限公司
台北市104民生東路二段141號8樓
電話：(02)25007008　傳真：(02)25027676
網址：www.ffoundation.com.tw　e-mail：ffoundation@cite.com.tw
發　　行／英數蓋曼群島商家庭傳媒股份有限公司城邦分公司
台北市104民生東路二段141號11樓
書虫客服服務專線：(02)25007718・(02)25007719
24小時傳真服務：(02)25170999・(02)25001991
服務時間：週一至週五09:30-12:00・13:30-17:00
郵撥帳號：19863813　戶名：書虫股份有限公司
讀者服務信箱Email：service@readingclub.com.tw
歡迎光臨城邦讀書花園　網址：www.cite.com.tw
香港發行所／城邦（香港）出版集團有限公司
香港灣仔駱克道193號東超商業中心1樓
電話：(852)25086231　傳真：(852)25789337
e-mail：hkcite@biznetvigator.com
馬新發行所／城邦（馬新）出版集團
【Cite(M)Sdn. Bhd】
41, Jalan Radin Anum, Bandar Baru Sri Petaling, 57000 Kuala Lumpur, Malaysia.
Tel: (603)90578822　Fax: (603)90576622

美 術 設 計／走路花設計工作室
印　　刷／高典印刷有限公司

2019年（民108）3月5日初版　Printed in Taiwan
售價／350元

城邦讀書花園
www.cite.com.tw

廣　告　回　函
北區郵政管理登記證
台北廣字第000791號
郵資已付，免貼郵票

104 台北市民生東路二段 141 號 11 樓
英屬蓋曼群島商家庭傳媒股份有限公司
城邦分公司

請沿虛線對折，謝謝！

愛情・生活・心靈
閱讀春光，生命從此神采飛揚

春光出版

書號：OK0127　　書名：自力時代！
公關教主于長君教你如何創造自我價值，打造亮眼的個人品牌

請於此處用膠水黏貼

讀者回函卡

謝謝您購買我們出版的書籍！請費心填寫此回函卡，我們將不定期寄上城邦集團最新的出版訊息。

姓名：________________________

性別：□男　□女

生日：西元 ________ 年 ________ 月 ________ 日

地址：________________________

聯絡電話：________________ 傳真：________________

E-mail：________________________

職業：□1.學生 □2.軍公教 □3.服務 □4.金融 □5.製造 □6.資訊

□7.傳播 □8.自由業 □9.農漁牧 □10.家管 □11.退休

□12.其他 ________________________

您從何種方式得知本書消息？

□1.書店 □2.網路 □3.報紙 □4.雜誌 □5.廣播 □6.電視

□7.親友推薦 □8.其他 ________________________

您通常以何種方式購書？

□1.書店 □2.網路 □3.傳真訂購 □4.郵局劃撥 □5.其他________

您喜歡閱讀哪些類別的書籍？

□1.財經商業 □2.自然科學 □3.歷史 □4.法律 □5.文學

□6.休閒旅遊 □7.小說 □8.人物傳記 □9.生活、勵志

□10.其他 ________________________

為提供訂購、行銷、客戶管理或其他合於營業登記項目或章程所定業務之目的，英屬蓋曼群島商家庭傳媒（股）公司城邦分公司，於本集團之營運期間及地區內，將以電郵、傳真、電話、簡訊、郵寄或其他公告方式利用您提供之資料（資料類別：C001、C002、C003、C011等）。利用對象除本集團外，亦可能包括相關服務的協力機構。如您有依個資法第三條或其他需服務之處，得致電本公司客服中心電話 (02)25007718請求協助。相關資料如為非必要項目，不提供亦不影響您的權益。

1. C001辨識個人者：如消費者之姓名、地址、電話、電子郵件等資訊。
2. C002辨識財務者：如信用卡或轉帳帳戶資訊。
3. C003政府資料中之辨識者：如身分證字號或護照號碼（外國人）。
4. C011個人描述：如性別、國籍、出生年月日。

請於此處用膠水黏貼